IA/UX プラクティス

モバイル情報アーキテクチャとUXデザイン

Mobile Information Architecture & UX Design

坂本貴史＝著

はじめに

2014年から2015年にかけて、慌ただしく時が流れていったのを覚えています。

この本は、2014年に書いたものを一部改訂し、2015年に起こったさまざまな変化をIAやUXという文脈に載せて、新たに書き加え編さんしたものです。

その間、「UX」や「サービスデザイン」などのキーワードが注目されるようになり、スタートアップを中心に「IoT」や「AI」に関する話題も聞くようになりました。取り上げたWebサイトやアプリを見直してみると姿が変わってしまっており、移り変わりの速さを実感します。

そんな中、改めて2011年に書いた「IAシンキング」を読み返してみると、特定の技術や知識を本にすることの難しさを痛感してしまいます。時代遅れになった部分と、時代を超えても普遍的な部分とが織り交ざっていることがよくわかり、その違いが手に取るように見えてしまいます。スマートフォンを中心としたデバイスの情報はすでに変わっていますし、OSもバージョンアップされています。一方で、ユーザー中心の考え方やコミュニケーションとしての情報の伝え方などは普遍的なことのように思えます。

"Information Everywhere, Architects Everywhere"

これは、2016年のWorld IA Dayのグローバルテーマです。本書のテーマでもある「情報アーキテクチャ」は普遍的な分野としてとらえることもできるため、Webに限らずいろいろな場面でその知識や経験を発揮することができます。

本書の構成は、UXデザインのとらえ方からモバイルにおける情報アーキテクチャまで幅広く扱っており、追加した第5章ではカスタマージャーニーマップを掘り下げて紹介しています。普遍的な情報だけではなく、現在のトレンドや注目の手法などにも言及しています。

そしてIAシンキングの特徴であった演習部分をカットして、Q&A方式で実務上よくある課題を取り上げているため、質問と回答を同時に見ていただくことが可能です。解説は簡潔にまとめていますので、ご自身の経験とオーバーラップして読み進めてみてください。

企業内でUXやカスタマージャーニーマップについて検討はしているものの思うように進められない、関係者どうしのコミュニケーションがうまくいかない、そんなことを最近よく聞きますが、私自身の経験を踏まえてプロジェクトを遂行するうえでのヒントも掲載しています。

付録では、グッドパッチの村越さん、ゼネラルアサヒの稲本さんから寄稿いただきました。彼らの経験の中から、本書のテーマにも通じるUXやIAについて触れてもらいました。2014年に行われたTHE GUILDの深津さんのインタビューも再掲しています。

そして、私が最近取り組んでいるカスタマージャーニーマップを作成するオンラインツール「UX Recipe」についても紹介しています。進行中の研究開発プロジェクトですが、本書のテーマの延長としても読んでいただければ幸いです。

最後に、この本を執筆するにあたり、モチベーションを継続させてくれた家族や同僚の方々、新たなチャレンジを可能にしてくれた関係者のみなさんにお礼を申し上げます。

2016年3月3日
坂本貴史

本書の構成

本書は、各章のテーマを理解するために必要な、読んで理解する知識と、実務上の課題を解決するQ&Aの2種類の内容で構成されています。情報アーキテクチャやUXデザインについて実務で行なったことがない場合も、読み進めながら考え方を独習できるように配慮しました。なお、「実践Q&A」については、著者が考えた一例です。別の考え方や進め方をすることはもちろん可能です。

知識の自習　Chapterの前半は、モバイル情報アーキテクチャとUXデザインに関する知識をまとめています。

テーマごとに2〜6ページで、読み切りやすいようにまとめています。

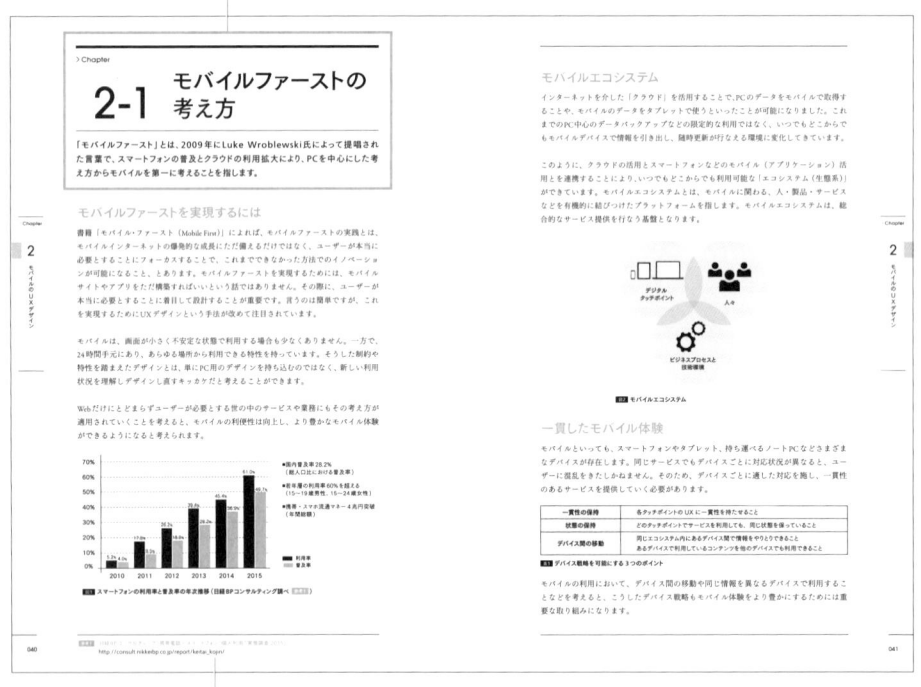

本文に登場する参考・引用資料、引用事例について脚注で紹介。巻末にも一覧があります。

実践 Q&A   Chapterの後半は、Practiceとして、実務上よくある課題と解決のヒントをまとめています。Q&Aを通じて、IA/UX思考を追体験していただけます。

実務上において陥りがちな問題と課題、解決の糸口を整理します。

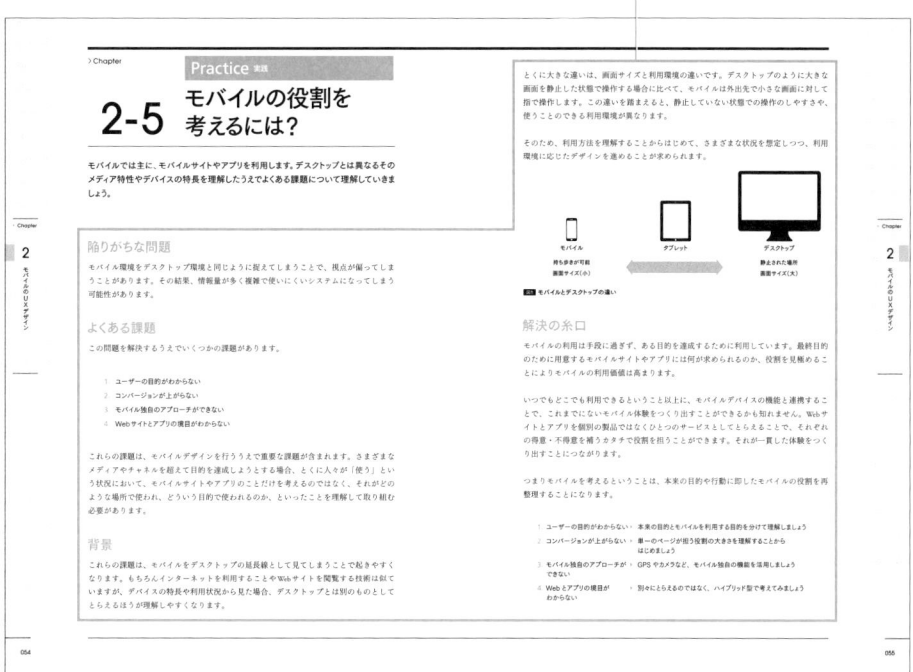

著者ならばどのようにそれぞれの課題を解決するか、簡潔に解説します。

CONTENTS

Chapter 1

UXデザインのとらえ方

1-1　UXデザインとは ……………………………………………… 010
1-2　ユーザビリティとの違い ……………………………………… 014
1-3　HCDプロセスの応用 …………………………………………… 018
1-4　リーンUXの原則 ………………………………………………… 022
1-5　Practice：UXをプロジェクトに取り入れるには？ ………… 026

コラム　リーンUXと品質の関係性 ……………………………… 038

Chapter 2

モバイルのUXデザイン

2-1　モバイルファーストの考え方 ………………………………… 040
2-2　モバイルデザインのヒント …………………………………… 042
2-3　タッチ・ジェスチャのインタラクション …………………… 046
2-4　解像度とレスポンシブ対応 …………………………………… 050
2-5　Practice：モバイルの役割を考えるには？ ………………… 054

コラム　クロスチャネルにおけるデザイン ……………………… 066

Chapter 3

モバイルにおける情報アーキテクチャ

3-1　モバイルのIAパターン ……………………………………………… 068
3-2　階層型 …………………………………………………………………… 072
3-3　ハブ＆スポーク型 ……………………………………………………… 076
3-4　マトリョーシカ型 ……………………………………………………… 080
3-5　タブビュー型 …………………………………………………………… 084
3-6　弁当箱型 ………………………………………………………………… 088
3-7　フィルタビュー型 ……………………………………………………… 092
3-8　複雑なナビゲーションパターン ……………………………………… 096
3-9　Practice：デザインパターンを活用するには？ …………………… 102

　　コラム　愛着を深めるマイクロインタラクション ………………… 114

Chapter 4

問題解決としての情報アーキテクチャ

4-1　コンテンツ構造設計と優先順位 ……………………………………… 116
4-2　検索パターンとナビゲーションの関係 ……………………………… 120
4-3　プロトタイピングという可視化 ……………………………………… 124
4-4　デザイン原則の重要性 ………………………………………………… 130
4-5　Practice：プロトタイピングツールの使い方とは？ ……………… 134

　　コラム　サービスデザインという見方 ……………………………… 146

Chapter 5
UXジャーニーマップと可視化

- 5-1 ジャーニーマップの価値 ……………………………… 148
- 5-2 シナリオの活用 ……………………………………… 154
- 5-3 定量的調査と定性的調査 ……………………………… 160
- 5-4 ジャーニーマップの活用 ……………………………… 164
- 5-5 Practice：ジャーニーマップを活用するには？ ……… 168

コラム　カスタマージャーニー分析 ………………………… 182

Appendix　付録

- Appendix1　インタビュー：アプリUIデザイナーから見たUX ……… 184
- Appendix2　ECサイトにおけるLPパターン ……………… 192
- Appendix3　事業会社におけるUXデザインの取り組み ……… 196
- Appendix4　UX Recipeによる挑戦 ……………………… 200
- Appendix5　UXデザインに関する書籍紹介 ………………… 204

ご利用上の注意

- 本書に掲載されているサイト画面や参考とした資料は、著作権法上の引用の要件に基づき、利用しております。サイト画面の一部を分析・解説しているため、本書の構成やレイアウトの物理的な制限にもとづき、拡大・切り抜きを行い利用しました。なお、出所の明示につきましては、巻末の「参考・引用資料一覧／引用事例一覧」にURLとともに記載しております。紹介したWebサイトへのアクセス日は2016年2月25日となります。
- 本書で行った分析はあくまで解説のためであり、実際のサイト運用やサイト運営者と本書の内容は一切無関係です。本書に関するお問い合わせなどを各社へ行わないでください。
- 本書は2016年2月25日現在の情報にもとづいています。本書発売後に実際のサイトのデザインや内容などが変更されている場合があります。あらかじめご了承ください。
- 本書内の写真、イラストおよび画像、その他の内容に関する著作権は、著作権者あるいはその制作者に帰属します。著作者・制作者・出版社の許可なく、これらを転載・譲渡・販売または営利目的で使用することは、法律上の例外を除いて禁じます。
- 書記載の商品名・会社名は、すべて関係各社の登録商標または商標です。可読性を高めるため、それらを示すマーク等は記載しておりません。同様の理由により、会社名やソフトウェア名を略称で表記していることがあります。
- 本書の制作にあたっては正確な記述に努めましたが、著者・出版社のいずれも内容に関してなんら保証をするものではありません。

> Chapter 1

UXデザインのとらえ方

モバイルにおける情報アーキテクチャを思考する際にもっとも重要なことは、わたしたちのモバイル環境を可視化し、目的に沿うようデザイン活動を進めることです。UXという抽象概念を実務レベルの判断材料に使えるよう基礎を理解し、開発プロセスにおける流れを把握することで、プロジェクトに適用できるようにします。

1-1　UXデザインとは
1-2　ユーザビリティとの違い
1-3　HCDプロセスの応用
1-4　リーンUXの原則
1-5　Practice：UXをプロジェクトに取り入れるには？

コラム　リーンUXと品質の関係性

> Chapter

1-1　UXデザインとは

UXとは、対象となるモノ・コト（システム）と人間（ユーザー）とが深く関わっています。そして、UXを向上するための方法論としてUXデザイン活動があります。ただし、その活動範囲は見え方としての違いや業務範囲により大きく異なるため、1つの定義だけで言い表すことができません。

UXの定義

「UX」を「ユーザー体験」や「おもてなし」という言葉に置き換えることがありますが、2010年に国際規格「ISO9241-210」 参考1 により「ユーザーエクスペリエンス」という用語が定義されています。

> **ユーザーエクスペリエンスとは**
> 製品、システムまたはサービスを使用した時、および／または使用を予測した時に生じる個人の知覚や反応

つまり、何かの状況（文脈）を示しており、そこには対象となるモノ・コト（システム）と人間（ユーザー）とが関わっています。ISOで定義される以前からも「UX」の定義にはいくつかあったようですが、それらすべてに共通していることは、個人の主観であること、製品ライフサイクルすべてを包含すること、品質特性や感性が関与すること、などいくつもの事柄が包括された概念であることです。

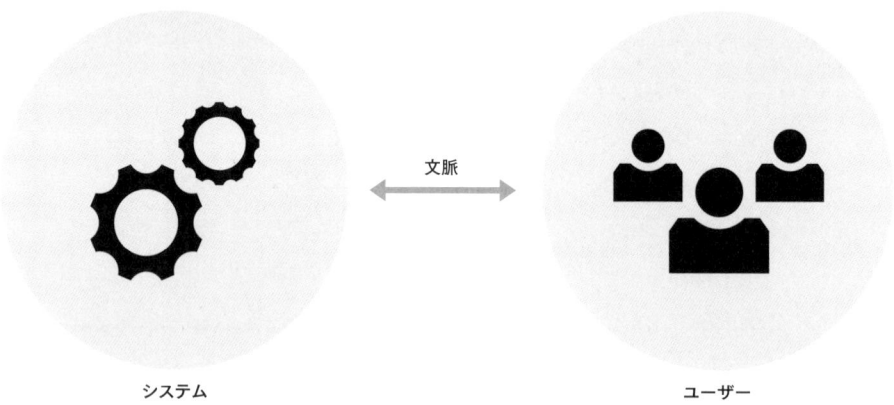

図1　ユーザーエクスペリエンスに影響する要素

個人の主観が関係していることから結果だけを見てしまう傾向もありますが、それらがなぜそうなったのか、繰り返しそうなるにはどうすればよいか、などをひも解くことに

参考1　ISO9241-210　1999年に制定された「ISO13407」を、2010年に改訂した国際規格。人間工学を使用したマネジメント的側面が強い。とくにUXの定義に人間中心設計の6つの原則などへの言及が追加されている。

よって UXの向上（ユーザーの満足度向上）に貢献するシステムを理解することができます。

UX白書

2010年にドイツで開かれたUX専門家らのセミナーによる成果をまとめたものが「User Experience White Paper」 参考2 です。これが2011年2月に日本のHCD関係者により翻訳され「UX白書」として出版されています。

この白書では、UXを3つに分けて説明しています。

現象としてのUX	ユーザーが何をどう感じるか、心理構造の解明をすること
研究開発としてのUX	結果どうすれば、ユーザーの満足が得られるのか研究すること
実践としてのUX	仕組み化して継続的に提供し続けられるようにすること

表1 UX3つの区分

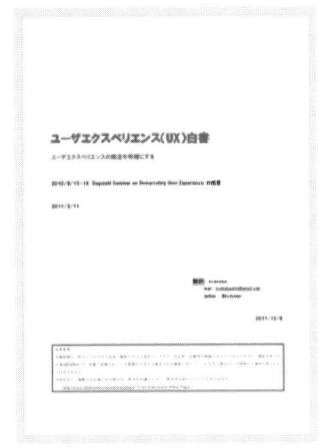

図2 UX白書

このうち「実践としてのUX」が、デザイン実務に関わるうえで非常に重要です。つまり、どうすればその現象になるのか、を仕組みとして提供することです。それはすなわち「UXデザイン」のことを指します。UXデザインとは、UXの計画から活動までを示す「HCD（人間中心設計）」に由来するデザイン活動を指します。

UXにおける期間（時間の概念）

UXは期間（時間）に分けて説明することができます。ある特定のシステムやブランドに触れる前（利用前）から、触れている最中（利用中）、触れた後（利用後）に加えて、しばらく触れてみた後（利用期間全体）の4つに分類することができます。これを特定システムにおける「利用フェーズ」としてとらえることで、システムとユーザーとの状況を整理することができます。

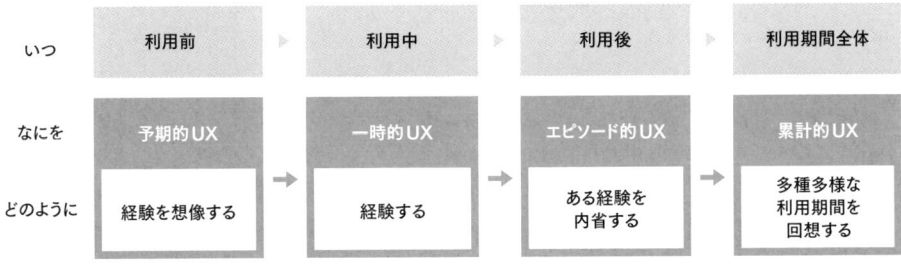

図3 UXにおける期間

参考2 User Experience White Paper　UX白書。2010年にドイツで開かれたUX専門家らのセミナーによる成果をまとめたもので、Webサイト「All About UX」で一般公開されている。日本語訳 http://site.hcdvalue.org/docs/docs

このうち、UXにおける利用前のフェーズにおいて、システムに触れる前にそのシステムに関する情報に他で触れる場合があります。したがって、「ユーザー体験」とひとくくりに説明する場合でも、特定のシステムに触れていない期間も含むことが大きな特徴となります。インターネットを利用した消費者の購買行動（AISASモデル 参考3 など）についても、これらの利用フェーズと重ねて理解することができます。

図4 利用フェーズとAISASモデル

さまざまなUX視点

多くの事柄を包括した概念として使われるUXは、1つの視点だけで言い表すことができません。したがって、さまざまな立場によりいくつもの視点で解釈ができてしまいます。これをUXデザインの活動から見た場合には、次の3つの視点に分けて見ることができます。

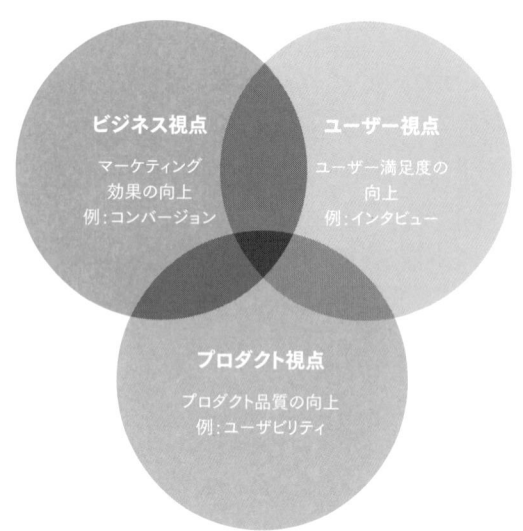

図5 さまざまなUX視点

ビジネス視点で使うUXは、主にマーケティング効果を最大化させるため、さまざまなマーケティング活動（マス広告・ECサイト・店舗など）を横断で見ることを指す場合があります。一方、プロダクト視点ではプロダクトの品質向上を目的として使うため、特定のプロダクトにおける「使い方」にフォーカスがあたります。したがって、UXは使い方をより良くする取り組みとして、ユーザビリティを向上させる取り組みと同義に扱う場合があります。ユーザー視点の場合には、主観的な評価を必要とするため、インタビューやアンケートなどの定性的評価と合わせて指す場合があります。

参考3 AISASモデル　消費者行動モデルのプロセスを示す理論のひとつ。注意（Attention）、興味喚起（Interest）、検索（Search）、行動（Action）、共有（Share）の5つの要因から成り立つ。

なお、UXを評価するための全体的な指標は存在しません。それぞれの視点における目的ごとに指標は異なります。そのため「UXを向上することで、○○が向上する」ということは一概に言えないわけです。UXという概念を、効果として判断しやすくするためには、さまざまな活動と目的とを一致させる必要があります。

業務範囲におけるUX

さまざまな活動を包括するUXには、UXデザイン活動を行うビジネスモデルにより解釈も異なります。もっとも大きな違いは、その対象となる業務内容の深さと影響範囲です。

ビジネスモデル	主な業務範囲	影響範囲	期間
エージェンシー	コンサルティングおよび企画提案など	中	短
事業会社	対象となる業務の改善や組織改編など	大	中
メーカー	特定チームにおける研究開発	小	長

表2 ビジネスモデルによるUXへの取り組み例

たとえば、エージェンシーの場合、短期間のうちにコンサルティングを実施し提案を重ねキーマンとの接点が求められますが、事業会社の場合、対象となる業務改善を必要とする場合などがあります。対象チームや1組織を超えて関係する組織改編までをも含む場合があり、比較的影響範囲が大きく期間も要します。メーカーの場合には、特定チームにおける取り組みとなるため比較的影響範囲が小さいと考えられます。このように、同じUXの取り組みでも、ビジネスモデルにより業務内容や影響範囲、期間などが大きく異なります。

情報アーキテクチャの範囲

UXにおける視点や業務範囲の違いの中で、本書のテーマでもある「情報アーキテクチャ（IA）」はどのように位置づけられるのでしょうか。10数年も前に刊行された書籍「ウェブ戦略としてのユーザーエクスペリエンス」には、その「原則と役割」に、広義の定義（ビッグIA）と狭義の定義（リトルIA）が書かれています。

定義	呼び名	職務内容
広義	ビッグIA	ビジネス戦略、情報デザイン、ユーザー調査、インタラクションデザイン、要件定義など
狭義	リトルIA	コンテンツの組織化と情報空間の構造化だけに焦点を絞ったこと

表3 ビッグIAとリトルIA

これに当てはめて考えてみると、本書で扱う情報アーキテクチャには、2通りの定義が含まれます。頭に「UX」と書いた場合には「ビッグIA」、IAパターンなど「IA」がつく場合には「リトルIA」を指すことにします。

1-2 ユーザビリティとの違い

ユーザビリティを「使いやすさ」と表現することが多くありますが、その使われ方は、ユーザーや利用状況、環境などによりさまざまな面を持ち合わせます。特定の製品のみを指す場合と利用における背景まで含める場合とで、ニュアンスは大きく異なります。

ユーザビリティ工学

1993年ごろにJakob Nielsen博士により提唱された「ユーザビリティエンジニアリング原論」は、システムの上位概念として、ユーザーがどれくらい便利に使えているか、といったシステム視点での評価に焦点があたっています。したがって、ヒューリスティック調査 参考1 と対になっている点が特長です。

インターフェースにおけるユーザビリティの定義
- 効率性…システムは、一度ユーザがそれについて学習すれば、後は高い生産性を上げられるよう、効率的な使用を可能にすべきである。
- 記憶しやすさ…システムは、不定期利用のユーザがしばらく使わなくても、再び使うときに覚え直さないで使えるよう、覚えやすくしなければならない。
- エラー…システムはエラー発生率を低くし、ユーザがシステム使用中にエラーを起こしにくく、もしエラーが発生しても簡単に回復できるようにしなければならない。また、致命的なエラーが起こってはならない。
- 主観的満足度…システムは、ユーザが個人的に満足できるよう、また好きになるよう楽しく利用できるようにしなければならない。

ユーザビリティの定義

これを踏まえて、1998年に制定された国際規格「ISO9241-11」では、ユーザビリティに関してシステム視点よりもユーザー視点に重きが置かれています。この定義では、利用状況のほかに、有効さ・効率・満足度の4つでユーザビリティが構成されているため、より主観的な評価が含まれることになりました。

ユーザビリティとは
特定の利用状況において、特定のユーザーによって、ある製品が、指定された目標を達成するために用いられる際の、有効さ、効率、ユーザーの満足度の度合い
- 有効さ…ユーザーが指定された目標を達成する上での正確さ、完全性。
- 効率…ユーザーが目標を達成する際に、正確さと完全性に費やした資源。
- 満足度…製品を使用する際の、不快感のなさ、および肯定的な態度。
- 利用状況…ユーザー、仕事、装置（ハードウェア、ソフトウェア及び資材）、並びに製品が使用される物理的及び社会的環境。

参考1　ヒューリスティック調査　ユーザビリティに長けた経験者（または専門家）が、第三者視点でWebサイトやアプリを調査すること。主にユーザーインターフェースやユーザビリティなどについて評価指標をもとに調査する。

UXハニカム構造

2004年に書籍「Web情報アーキテクチャ」の著者のひとり、Peter Morville氏が「The User Experience Honeycomb（UXハニカム構造）」 参考2 というタイトルでダイアグラムを発表しています。これによれば「ユーザビリティ（usable）」は、UXにおける一片を成しているに過ぎず、そのほかに「アクセスしやすい（accessible）」や「見つけやすい（findable）」など7つで構成されています。UXの範囲が、ユーザビリティを含むさまざまな事象を包含していることを端的に表しています。

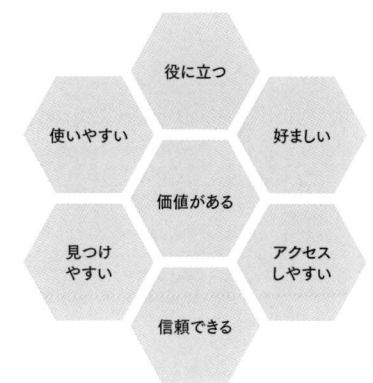

図1 UXハニカム構造

UXピラミッドでの理解

この7つの構成を、2012年に発売された書籍「スキル向上のためのHTML5テクニカルレビュー」の著者である浅野紀予氏が3つのレベルに分けて紹介した記事「UXハニカムからUXピラミッドへ」があります。ユーザビリティとしての「使いやすさ」やアクセシビリティ、情報アーキテクチャなどにみる「探しやすさ」などは、利用できるための最低条件に位置するものと理解できます。

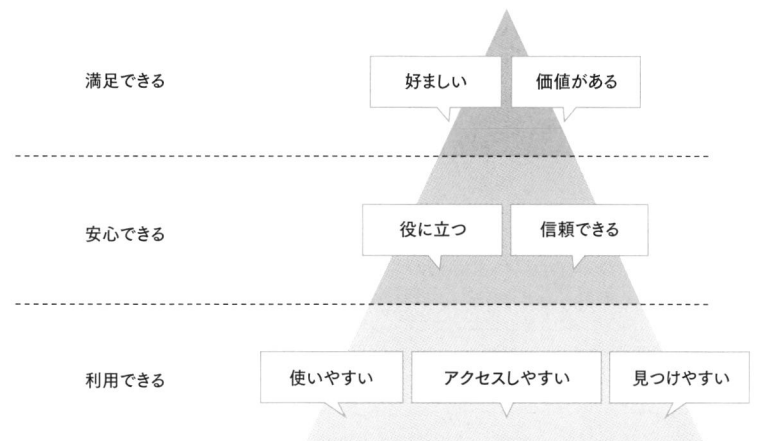

図2 3つのレベルで理解するUX

ユーザビリティ評価の変遷

ユーザビリティ評価とは、ユーザビリティの専門家がWebサイトおよびアプリを見て問題点を洗い出すことや、独自の評価チェック項目をもとに採点する調査手法などを指します。評価対象には、Webサイト単体から企業のブランド価値なども合わせる場合もあり、さまざまな評価軸が乱立しています。

参考2 The User Experience Honeycomb 書籍「Web情報アーキテクチャ」の著者Peter Morville氏が、UXにおける7つの側面をダイアグラム化したもの。http://semanticstudios.com/user_experience_design/

2009年をピークに日本で「ユーザビリティ」というワードが検索されなくなってきた背景には、Webを製品単体として見る傾向から、マーケティング活動の一環として見る傾向が強まったことが挙げられます。ユーザビリティが単純なスコアリング方式による評価では済まなくなってきたと言えるでしょう。

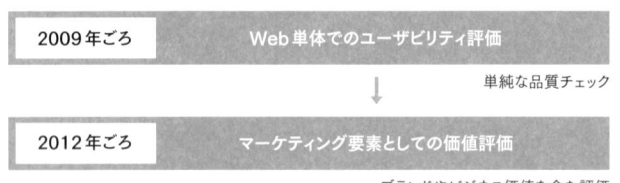

図3 ユーザビリティ評価の変遷

ユーザビリティランキングの衰退

多くの企業が評価基準として参考にしてきた日経パソコンの企業サイトランキングは2009年に終了しています。これは2010年に改訂されたWebアクセシビリティのJIS規格「JIS 8341-3」が原因とされていますが、評価基準の変遷と合わせてWebサイト単体による評価よりも企業活動への貢献、とりわけブランド価値やマーケティング効果などへの評価にシフトしていったことが伺えます。

モバイルサイトに関しては、同社による「Webユーザビリティランキング（スマートフォンサイト編）」が2012年に一度だけ実施されている状況で、そのほかには日経BPコンサルティングによる「［スマホ編］全国大学サイト・ユーザビリティ調査2015-2016」 参考3 が実施されています。

アクセス性	検索エンジン対応やブックマークへの配慮などの評価を行う
サイト全体の明快性	最適なトップページのあり方やサイト全体の統一感などの評価を行う
ナビゲーションの使いやすさ	ナビゲーション、テキストリンク、画像リンクなど適切性を評価する
コンテンツの適切性	読みやすさなどを判定し、Flashなどの動画使用の適切性について評価する
ヘルプ・安全性	ヘルプやFAQなどのサポートコンテンツや情報送信時の暗号化などの判定をする

表1 Webユーザビリティランキング（スマートフォンサイト編）の評価項目

ユーザビリティテストの誤った通念

ユーザビリティの評価においては、被験者に評価してもらう「ユーザビリティテスト」と経験豊かな専門家が評価する「エキスパートレビュー」とがあります。これらは定性的調査となる一方で、アンケート調査などの定量的な調査手法もあります。

参考3 ［スマホ編］全国大学サイト・ユーザビリティ調査 2015-2016　http://consult.nikkeibp.co.jp/report/unisp/

> Chapter

1-3 HCDプロセスの応用

HCDプロセスやその手法を取り入れ製品やサービスづくりに生かすことは、最終的なユーザーやステークホルダーの満足度を向上させる取り組みにつながります。特に反復アプローチや評価をして進める設計の流れは、アジャイル開発やPDCAサイクルと同様のことを指します。

HCDとは

HCD（ヒューマン・センタード・デザイン）とは人間中心設計のことで、ユーザーの要求を満たす製品やサービスを設計するための手法のことです。1999年に国際規格「ISO13407」 参考1 に規定された際のHCDプロセスが原典となり、一部改訂された2010年の「ISO9241-210」が執筆時点では最新です。

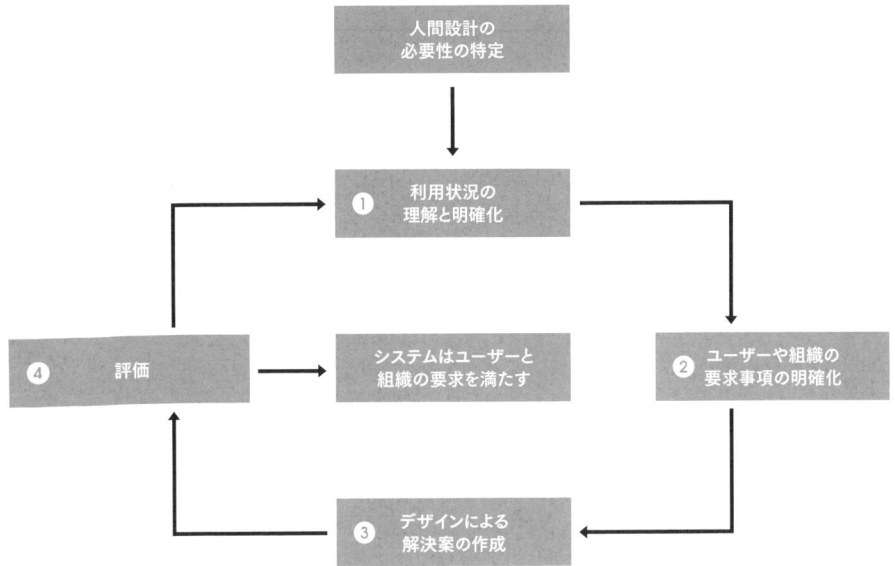

図1 ISO9241-210のHCDプロセス

重要なことは、このプロセス自体を計画するプロジェクトマネジメント視点からスタートしている点と、以降に連なる4つの段階を結ぶ反復的なアプローチ、最終的な評価対象を要求事項だけではなく広い範囲とした点にあります。

参考1 ISO13407 1999年に制定された国際規格。インタラクティブシステムに対する人間中心設計活動の指針（HCDプロセス）が記述されている。とくに10章や11章ではユーザビリティについての定義について言及されている。

とくに、ユーザビリティテストについてはそれだけでユーザビリティ上の問題点をすべて指摘できるというものではなく、エキスパートレビューなども実施して専門的なスキルと合わせて調査・分析していくことが重要です。

2013年2月にRolf Molich氏がまとめた「The top usability testing myths（ユーザビリティテストの誤った通念）」 参考4 には、そうした誤った通念に対して警鐘を鳴らしています。ここに書かれたことを鵜呑みにしてはいけないことを指摘しています。

ユーザビリティテストの誤った通念
- あらゆる製品において、5人のユーザーにテストすれば、ユーザビリティ上の問題の85%を抽出することができる
- ユーザビリティテストの主目的は、ユーザビリティ上の問題を発見することである
- ユーザビリティテストによる結果は、専門家によるヒューリスティック調査よりも信頼できる
- ユーザビリティテスト中に寄せられた肯定的なコメントは、改善行動につながらないので、役に立たない
- ユーザビリティテストは、誰でも行なうことができる

ジェスチャにおけるユーザビリティ

ユーザビリティとひと口に言っても、スマートフォンやタブレットにおける「使いやすさ」は、デスクトップサイトにおける使いやすさとは大きく異なってきます。とくに、指やスタイラスペンなどで直接画面に触れて操作することができる「マルチタッチジェスチャ」では、それまでにはなかった使い方においていくつかの注意点があります。

画面に指が触れただけで、マウスでクリックしたことと同じ動作が起こる場合もありますし、指を横にスライドしたことで、違う画面に切り替わるようなことも起きてきます。したがって、ユーザーはそのような使い方を覚える必要があるのと同時に、設計者はそうした操作のわかりやすさに留意しなければいけません。

ニールセン・ノーマングループはジェスチャユーザーインターフェースにおける固有の問題点をいくつかあげています。これらは、スマートフォンやタブレットのモバイルサイトまたはアプリの設計段階において、最小限に抑えなければなりません。

意図しない起動	ユーザーは誤って触ってしまうが、復帰手段がないなど
スワイプの曖昧さ	同じジェスチャでも結果が異なる場合がある
不可視性	自分が行ったこと／触ったことが目に見えないため、わかりにくい
学習のしにくさ	ジェスチャにはさまざまあるため、学ぶことが難しい

表2 ジェスチャにおけるユーザビリティの主な問題

参考4 The top usability testing myths　ユーザビリティコンサルタントRolf Molich氏がユーザビリティの間違った通念を指摘した記事。http://www.creativebloq.com/web-design/usability-testing-myths-2132991

UCDとHCD

UCD（ユーザ・センタード・デザイン）は、1993年にIBMが全社的に取り入れた取り組みとして知られており、書籍「使いやすさのためのデザイン」にまとめられています。その概念や取り組みは、HCDと同様のことを指しています。ISOの規定以降、日本では「HCD」のほうが浸透しているように見えますが、欧州を中心に「UCD」という表現も使われています。

図2 使いやすさのためのデザイン

設計プロセスと手法

HCDプロセスはISOで定義されていますが、それぞれの活動を実施する手法までは言及していません。2005年に設立されたHCD-Net 参考2 のWebサイトでは、プロセスにおける手法を次のようにまとめています。

1. 利用状況の理解と明確化	アンケート・インタビュー・フィールド調査・エスノグラフィ調査など
2. ユーザや組織の要求事項の明確化	ユースケース図・ペルソナ・シナリオなど
3. デザインによる解決案の作成	プロトタイピング・カードソーティング・認知的ウォークスルーなど
4. 評価	ユーザビリティテスト・ヒューリスティック評価・パフォーマンステストなど

表1 HCDプロセスと主な手法

もちろん手法はこの限りではないため、それぞれの要求に合った手法を選定する必要があります。こうした手法を取り入れることは、人間中心設計プロセスの計画として、プロジェクトキックオフ時にあらかじめ明示しておくことが前提となります。

HCDプロジェクトにおけるタスク

UCDおよびHCDの冠のつくプロジェクトを進める際には、その活動自体が検証可能であること（ユーザーテストを実施すること）が求められます。そのため、ユーザーテストを実施する仕組み（テスト設計から実査報告まで）とセットで考えなければなりません。これらのタスクがプロジェクト計画時に含まれている必要があります。

HCDプロジェクトの主なタスク例
- インタビューやアンケート調査
- ペルソナ開発・シナリオ
- ジャーニーマップの作成
- カードソーティングによるコンテンツ構造のテスト
- デザイン / ルック＆フィールについてのインタビュー
- シナリオをもとにしたプロトタイピング（テスト）

参考2　HCD-Net　2006年に発足したNPO法人「人間中心設計推進機構」の略称。主に、ヒューマンインターフェースやユーザビリティ、HCDに関する研究活動や教育活動を行っている。HCD専門家の認定制度がある。

アジャイル開発とHCDプロセス

HCD設計プロセスと同様に、ソフトウェア開発には「アジャイル開発」と呼ばれる手法があります。アジャイル開発とは、短期的なサイクルを反復することにより迅速な開発を目指す開発手法です。近年の製品やサービスのサイクルタイムが早くなってきているため、そして計画に時間を要してしまうウォーターフォール的手法よりも早い段階で市場の変化に合わせて進めることができるため、注目を浴びています。

アジャイル開発とHCDプロセスとを比較した場合、進め方やアプローチには次のような違いがあります。どちらも小さく始める手法ではありますが、アジャイル開発の「インクリメンタル 参考3 」に対して、HCDでは「イテレーティブ 参考3 」な進み方になります。インクリメンタルとは小分けにして進めるアプローチで、イテレーティブとは徐々に完成度を上げていくアプローチです。

	アジャイル開発	HCD（UCD）
手法	スクラム的	ウォーターフォール的
進み方	インクリメンタル	イテレーティブ
期間	短期計画	長期計画
特長	対話重視	ドキュメント重視
組織	自律的	管理的

表2 アジャイル開発とHCD（UCD）の比較

アジャイルUX

はじめにこのような進め方になることを計画し、UXパートにおいて「設計・調査」から先行します。設計がある程度見えてきた段階で、開発パートにおいて「実装」しはじめてフィージビリティやユーザビリティを検証します。結果をUXパートにフィードバックをして、設計を詳細化していきます。また、早い段階でユーザビリティテストを実施して設計や実装の有効性を検証することもあります。

このような進め方をするためには、UXパートと開発パートとが同じ環境で意見が交換できることに加えて、複雑になりがちなファイル管理においてもバージョン管理を徹底することが求められます。

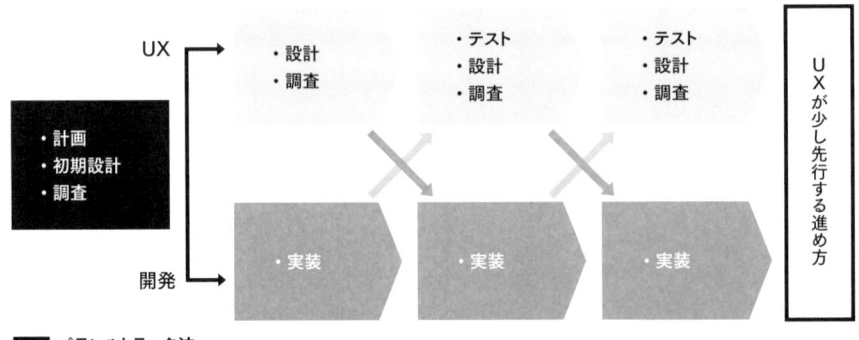

図3 パラレルトラック法

参考3 インクリメンタルとイテレーティブ　小さい単位で完成を重ねて全体の完成に到るのがインクリメンタル。最初から全体を見据えて徐々に完成度を高めていくのがイテレーティブ。

投資対効果（ROI）との関係

HCDプロセスを実施するためには、アジャイルUXでも取り上げたように、はじめから進め方を共有し計画することが大切です。そのために必要な環境づくりや体制（リソース管理）、ファイルのバージョン管理システムやどのタイミングで検証をするべきかといった、いわゆるプロジェクト管理が重要です。

もちろんそれだけのプロジェクトを遂行するわけですからそこには投資対効果といった評価が求められます。ユーザビリティに限らず、そうした取り組みに対する結果は短期と長期とに分けて見ることができます。

短期的には、売上に直結するECサイトのリニューアルやLPの改修などが挙げられます。これらはその取り組みによる結果が見えやすいため比較的短期間に評価が得られます。

反対に長期的にはWebサイト単体やアプリ単体による評価よりも、そのサービス全体の評価や企業ブランド価値などに変わります。したがって、1つの取り組み（HCD活動）により、サービス全体の効果を測定するような評価が考えられます。

たとえば、カスタマーサポートの一環で、Webサイトやアプリの使いやすさが向上したことで、コールセンターの問い合わせ数が4件減ったとします。その場合、コールセンターの人件費のうち4件分のコストが浮いたことになるため、1人あたり100万円相当の人件費であれば400万円相当の効果があったと見ることができます 参考4 。

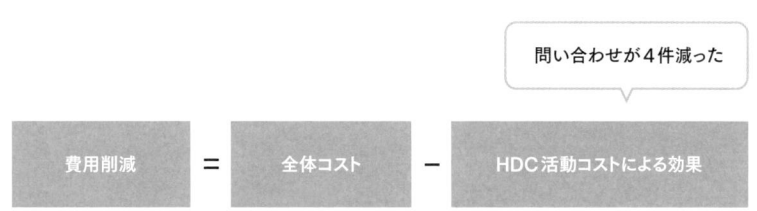

図4 HCD活動コストによる効果

このようにHCD活動を実施することでサービス全体にも貢献する場合、短期的な目標に加えて長期的な目標を設定することが大切です。反対に、短期的な目標だけを評価する場合には、必ずしもHCD活動のような取り組みだけで貢献できるとは限りません。

参考4　2000人が10分×4件の通話をしなくて済めば、コールセンターの1人あたりの人件費を35ドル/時とした場合には、1時間あたり約47,000ドルものコストダウンにつながります。書籍「人間中心設計の基礎」参照。

> Chapter

1-4 リーンUXの原則

いくら製品がよくても誰も欲しがらないものでは意味がありません。本当に顧客が欲しいものを開発するための「顧客開発モデル」をUX設計に取り入れることで、早い段階で顧客からのフィードバックを得る仕組みをデザインします。

リーン（Lean）

トヨタの「リーン生産方式」として知られるサプライチェーン 参考1 や製造設備の運営方法などで無駄を省きサイクルタイムの短縮などを実現した開発手法のことを指します。主にプロセスの無駄を省くことを指し、結果として効率のよい開発を進めることを目指します。用語には、スタートアップ（起業マネジメント）に応用したリーンスタートアップ、UXデザインに応用したリーンUXなどがあります。

リーンスタートアップ

起業マネジメントにリーンを取り入れたものが「リーンスタートアップ」です。この場合、起業プロセスにおいて無駄をなくしイノベーションを生み出すことを指します。図にあるように、いわゆるPDCAサイクルを細分化した過程において、効率的にこの「検証による学び」サイクルを回すことを目指す方法です。

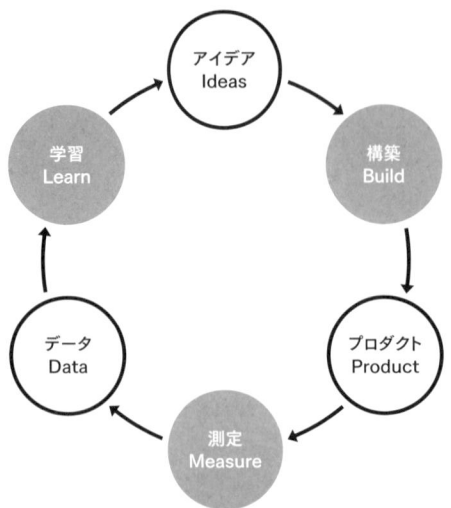

図1 Build・Measure・Learnサイクル

構築（Build）	アイデアを企画し設計・開発すること
測定（Measure）	提供後に分析をして反応を測定すること
学習（Learn）	分析結果から導きだしてどうすればよいかを理解すること

表1 Build・Measure・Learnサイクルの各フェーズ

参考1 サプライチェーン　製造した商品が消費者に届くまでの一連のプロセスにおける、供給（サプライ）の連鎖（チェーン）のこと。同一企業内の組織である場合や一部をアウトソーシングする場合がある。

顧客開発モデル

起業家に向けた書籍「アントレプレナーの教科書」では、新規事業立ち上げの方法論として「顧客開発モデル」という4つのプロセスを挙げています。製品開発プロセスと比較したこのプロセスは、よりよいモノを作るプロセスではなく、よりよく利用してもらうためのプロセスと言い換えることができます。製品を一定の品質で仕上げることとは別に、利用する顧客が本当にいるのか、顧客を開発するプロセスです。

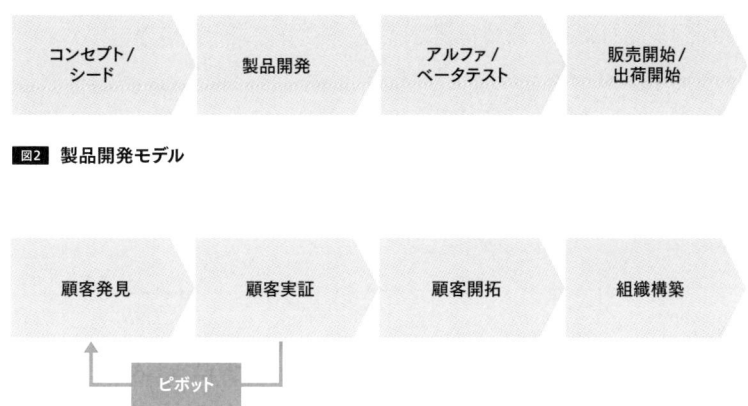

図2 製品開発モデル

図3 顧客開発モデル

顧客開発モデルでは、顧客を見つけるための仮説設定と検証を繰り返していくプロセス（ピボット）参考2 を示しています。顧客の困っていること＝ニーズは何か、という仮説を立て、それを早い段階からインタビューして検証します。プロトタイプを作成する前にも、質問などによってニーズがあるかどうかを検証していくことを推奨しています。

組織構築

顧客開発モデルのプロセスの最終ステップには「組織構築」があります。このプロセスを実施・継続するためには、マネジメントの側面も大きく関係します。顧客を発見するための調査も然り、実証をする際の役割をどの部署で受け持つのか、最終的な判断はどこがするのか、組織がいくつも内在する大企業の場合、伝達だけでも困難な状況がうかがえます。したがって、顧客開発モデルに取り組む際には、横断的な組織づくりが必要なのです。

組織構築プロセスの概要
- 第1フェーズ　メインストリーム、顧客基盤の構築
- 第2フェーズ　経営組織と企業文化の課題
- 第3フェーズ　機能別部門への移行
- 第4フェーズ　即応性の高い部門の構築

参考2　ピボット　書籍「リーン・スタートアップ」によると、「製品やビジネスモデル、成長エンジンについて根本的な仮説を新しく設定し、それを検証するための行動」を指す。

リーンUXとは

リーン開発手法をUXデザイン（HCDプロセス）に応用したのが「リーンUX」です。HCDプロセスにおける無駄を省き、サイクルを短縮することで、よりよいモノを作ることを目指す手法です。ただし、ここでいうモノとは、製品に限らずサービスが対象となる場合もあります。

たとえば開発期間が1年以上ある場合、リリース時にはすっかり市場が変わってしまうことがあります。そのため、長期開発時はリリースする前に顧客からのフィードバックを得る仕組みが重要です。フィードバックで得たことを学習し、目的達成のための方向転換をしつつリリースすることで、本当に顧客が欲しいものを提供できる形にしていくことができます。

図4 UXデザインプロセスとフィードバック

「学び」サイクル

ここまで見てきたように、学習しながら開発を進めるには、計測可能な評価の仕組みがサイクルに組み込まれている必要があります。図にあるように評価のステップでは、アクセス解析などの数値での評価を組み込むことが近道になります。また、学習したフィードバック内容を「創る（Make）」ステップにきちんとつなげることも重要です。

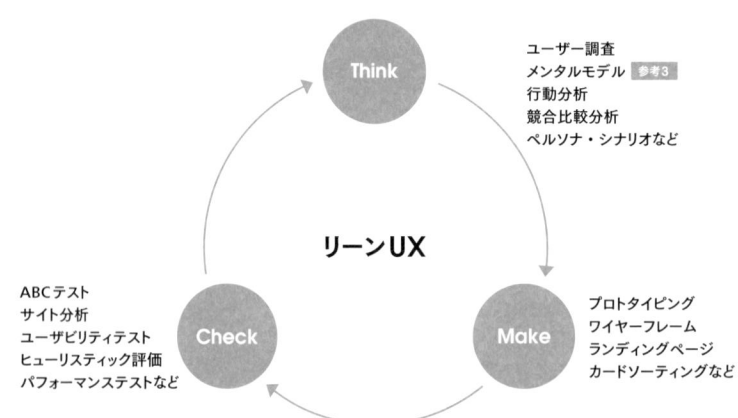

図5 Think・Make・Checkサイクル

参考3　メンタルモデル　人間が実世界で何がどのように作用するかを思考する際のプロセスを表現したもの。関連書籍に、「メンタルモデル ユーザーへの共感から生まれるUXデザイン戦略」がある。

MVPとプロトタイピング

早い段階に検証を取り入れる場合、あらかじめ顧客・課題・解決策が明確になっている必要があります。それらをコンセプト策定時に明確にする一方で、プロトタイピングによる検証が有効です。リーンUXには、段階的リリースを可能にする「MVP 参考4 」という考え方があり、顧客開発と合わせて検証による学習プロセスのキーファクターとなります。MVPにより、はじめの仮説が正しかったのかを検証し、失敗すれば戦略を方向転換します。

図6 リーンUXにおけるキーファクター

ドキュメント不要論

リーンUXはプロセスの見直しを促すものですが、MVPにより必要最低限の機能を構築するうえで、成果物としてのドキュメントそのものも省ける対象とみなします。したがって、分厚い仕様書や論拠としての調査資料などよりも、実際にフィードバックができる計測可能なプロトタイピングを重要視します。そのかわり、4コマで構成するプラグマティックペルソナや6upスケッチングといったツールを活用することで、ドキュメントの役割を担うようにします。

ただし、要件定義フェーズだけを担当するエージェンシーの場合や、次工程が別の開発会社である場合などでは、円滑なコミュニケーションを実施するうえで必要なアウトプットをもとに進める必要があります。そうしたプロジェクト背景を無視してドキュメント不要論を主張することはできません。

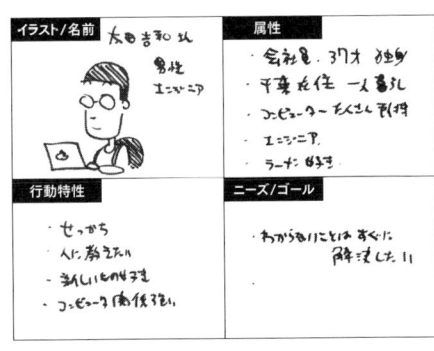

図7 プラグマティックペルソナ

図8 6upスケッチング

参考4　MVP　Minimum Viable Productの略で、実験を実行するのに最低限必要な製品を意味する。とくにPDCAサイクルなどのプロセスにおいて、高速で繰り返し検証ができるものを指す。

> Chapter

Practice 実践

1-5 UXをプロジェクトに取り入れるには？

UXをプロジェクトに取り入れるとはどういう意味でしょうか。UXとプロジェクトとの関係を見極めるとともに、必要なタスクや実施するうえでの問題とよくある課題について理解していきましょう。

陥りがちな問題

UXデザインを正しく理解していないことで、要求を整理しきれず偏った情報だけでプロジェクトが進行し、結果よりよいものにならない可能性があります。

よくある課題

この問題を解決するうえでいくつかの課題があります。

1. ユーザー不在でプロジェクトが進んでしまう
2. 運用ニーズを軽視してしまう
3. 余計なタスクが多い
4. 企画から次の工程に移れない

これらの課題は、UXデザインをとらえる際にもっとも重要となるタスクの理解に役立ちます。UXやHCDと言ったところで、実際のプロジェクトのタスクにそれらが組み込まれていなければ意味がありません。重要なのは、ユーザーからの声やビジネス上の都合だけにタスクが偏らないようにし、よりよいものを作るフレームワーク（HCDプロセス）を活用することです。

背景

これらの課題は、企画は企画、開発は開発というように立場や役割が別の場合に、お互いのタスクを理解できないままプロジェクトが進行してしまう場合に起こります。また、新たなタスクが追加されれば、消極的にとらえてしまう場合もあります。そうした背景を考えた場合、UXデザインに取り組むためには、またはHCDプロジェクトとして実施していくには、プロジェクト計画段階に取り入れておく必要があります。

いくらユーザーを第一に考えた必要なタスクだからといっても、すでに予算もスケジュールも決まっている中ではボトムアップで実施していくことは困難であるからです。

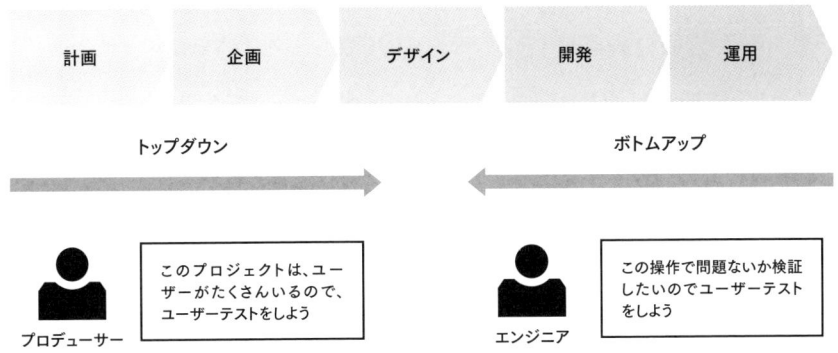

図1 トップダウンとボトムアップでのUXデザイン活用度合い

解決の糸口

よくある課題の中で、ユーザーやビジネスについてのタスクが足りなければ追加することで解決することができますが、そもそもタスクの理解が足りなければ、どのタスクを優先すべきかといった課題に変わってしまいます。そうならないためにもタスクを理解し、どのように進行すべきかといった理想と目の前の課題とを同時に見る視点が大切です。とくに、企画段階の課題と進行中の課題とでその後に影響する度合いも変わってくるため、スケジュールを見渡したうえでプロジェクト管理の視点も持ち合わせていないと解決できないことも多くなります。

UXをプロジェクトに取り入れるには、ユーザーの理解とビジネスの理解からはじめ、HCDプロセスを理解したプロジェクト設計を行ない、タスクの優先度を見極めて進行していくことが大事になります。

1. ユーザー不在でプロジェクトが進んでしまう ▶ ユーザー理解のためのタスクが抜け落ちていないか確認しましょう
2. 運用ニーズを軽視してしまう ▶ 目標や課題整理には、必ず運用視点を取り入れましょう
3. 余計なタスクが多い ▶ HCDプロセスを基準に、タスクの順序や関係性を理解しましょう
4. 企画から次の工程に移れない ▶ 企画は案にとどまらず、後続タスクの「要求事項の整理」としましょう

[Knowledge 関連知識]

UXとUXデザイン

UXを定義する場合には、UX白書（Chapter1-1を参照）にも記載があるとおり「現象」「研究開発」「実践」の3つの区分で説明することができます。このうち「実践としてのUX」がいわゆるUXに関するデザインや作り方に関する説明にあたります。

実践としてのUXには「仕組化して継続的に提供し続けられるようにする」とあるため、表層だけではなく仕組みとしてのとらえ方と、継続的に提供することが前提になってきます。仕組み化する対象には、インフラや物流などを含む大規模なものからアプリやWebサイトといった製品やサービスに関係するエコシステムまでを含みます。

規模の大小に関わらず、UXを実践すること＝UXデザインとは、仕組みをデザインすることと継続性が鍵になってくることがわかります。

UXデザインの本質

なぜそのユーザーに愛されるのかを理解するためには、ユーザーの感情や思考や心理について理解する必要があります。ユーザーが製品やサービスについて抱く感情を「ブランドイメージ」として表現することがありますが、そうした感情を起こさせるには、製品やサービスの振る舞いや演出なども関係してきます。UXとは、ユーザーと製品やサービスとの関係性の中に抱く感情に加えて、目で見て触れることのできるユーザーインターフェースの部分が大きく関係してきます。

図2 UXデザインの本質

UXを現象としてとらえて、なぜそうなるかを研究開発し、結果としてユーザーに満足してもらう愛される製品やサービスを継続的に提供できる仕組みづくりを計画する。それがUXデザインの本質と言えます。また、その本質を実現するうえでHCDプロセスのようなフレームワーク（手法）が活用できます。

タスクの再整理

HCDプロセスを取り入れてユーザー中心のプロジェクト（HCDプロジェクト）を進める場合、通常のプロジェクトの進め方とどう違うのかをまず理解する必要があります。

それはつまりタスクの再整理を意味します。たとえば、ユーザーを理解するためのタスクが計画にない場合、HCDプロセスを取り入れることとは、ユーザーを理解するためのタスク（例えば、アンケート調査）を実施するということを指します。つまり、これまでそうした観点でタスクが整理できていなかった場合には、さまざまなタスクがこれまで以上に追加され、不必要なタスクが整理されることが必要です。

タスクの調整

プロジェクトを計画する段階においてHCDプロセスのフレームワークを再確認することは非常に重要です。すでに見えているタスクをHCDプロセスの主な4工程に置き換えることでヌケモレを防ぎ、進め方を見直すキッカケになります。主な4工程とは「利用状況の理解と明確化」「ユーザーや組織の要求事項の明確化」「デザインによる解決案の作成」「評価」です。

たとえば、以下のような状況にある場合、4工程に置き換えてタスクを再整理することができます。表にある「状況」はすべてHCDプロセスから見るとプロジェクトの計画が不十分であることを指します。

状況1	RFPとしての要求事項はあるが、状況把握ができていない
調整例1	現状を理解するための調査を実施する。市場調査・ユーザー調査・サイト/アプリの調査など
状況2	現状データは揃っているが、要求事項が整理できていない
調整例2	要求事項をまとめる。ビジネス面・ユーザー面での要求事項を洗い出し整理する
状況3	作成したデザインに対して意見はたくさんもらうが、なかなか確定に至らない
調整例3	評価の項目を決める。そのための目標と効果測定の基準を設ける

表1 HCDプロセスを理解したうえでの調整例

このように、本来の進め方としてHCDプロセスを理解していれば、目の前にあるタスクがどのような役割を持つのかがわかり、そのために必要なタスクも思い描きやすくなります。進め方の拠り所を見つけることで、タスクの偏りや過不足などを調整し総合的な取り組みとしてプロジェクトに取り組むことができます。

Q ....よくある課題.... ▶ ユーザー不在で
プロジェクトが進んでしまう

A ....解決方法.... ▶ ユーザー理解のための
タスクが抜け落ちていないか
確認しましょう

前提

UXとは「User」から始まります。つまり、誰のためのデザインかを理解する必要があります。現状のタスクを見直し、それらが何についてのタスクかを再確認します。それがユーザーについての情報かビジネスに関係する情報か、もしくはプロダクト自体についてのタスクかを整理してみます。

ユーザー	アンケート調査、グループインタビュー、ペルソナ作成、ユーザーテストなど
ビジネス	市場調査、マーケティング目標（KPI）、運用上の課題整理、中長期計画など
プロダクト	ワイヤーフレームの作成、デザインの作成、ヒューリスティック評価など

表2 ユーザー・ビジネス・プロダクトに関するタスク例

たとえば、「ワイヤーフレームの作成」「デザインの作成」などのタスクがあったとします。それらを作ることのみを計画すると、ユーザーについての情報やビジネスに関する情報が抜け落ちてしまいます。そうすると、製品を作り終えることはできますが、ユーザーに満足してもらえるかはわからないということにつながります。これは、タスクをプロダクト全体のものと見ていないからです。

そのようなことを防ぐには、ユーザーに関するタスクを、プロジェクトにきちんと組み込む必要があります。タスクではなく情報があれば十分な場合もありますが、タスクとして理解しておくことで、後続のタスクへのインプットとなり、必要な情報なのかどうかが判断しやすくなります。

ヒント

自分が携わるタスクやその成果について、ユーザー・ビジネス・プロダクト（製品やサービス）に分けて整理すると、プロジェクトにおける役割が理解しやすくなります。そのうち、ユーザーに分類できるタスクが抜けていないか再確認しましょう。

もし、左ページの表に記載したタスク例が何を指すのかわからなければ調べておきます。UXデザインにおけるよくある手法を並べています。

進め方のイメージ

ユーザーに分類できるようなタスクがなければ、最初にユーザーについての情報を収集します。どのようなユーザーがその製品やサービスを利用するのかがわからなければ、どのよに工夫すればそれがよりよくなるのか判断ができません。

ユーザーに関する情報を再整理していくには、たとえばユーザーセグメントや簡易ペルソナを作成していくことが考えられます。ユーザーに関する情報を可視化し、関係者どうしですぐに共有できるようにしておくことで、ユーザーの理解に役立ちます。

ユーザーセグメント　　　　　　　　　　　　簡易ペルソナ

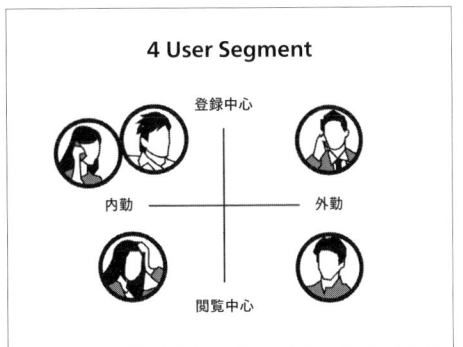

図3 ユーザーセグメントと簡易ペルソナの例　　※ユーザーセグメントとペルソナ作成（ネットイヤーグループ）参考1 をもとに作画

参考1　ユーザーセグメントとペルソナ作成　http://www.netyear.net/idea/uxt20160126.html

よくある課題 ▶ 運用ニーズを軽視してしまう

解決方法 ▶ 目標や課題整理には、必ず運用視点を取り入れましょう

前提

運用ニーズとは、製品やサービスを運営する企業側のニーズを指し、運用していくために必要なことを指します。ビジネスをきちんと理解することは、その企業におけるビジネスの取り組み方や環境を理解することにもつながります。自分本位な意見やユーザーの声だけに偏らない取り組み方を行うには、そのような観点が必要です。

ビジネスにおけるタスクとは、市場調査やマーケティング目標（KPIなど）などが該当しますが、忘れてはならないのが継続的に製品やサービスを提供していくための仕組みであり、運用視点になります。

市場調査	ネット上における市場ニーズや企業の強みを調査する
マーケティング目標（KPI）	マーケティングにおける達成目標（数字）を確認する
運用上の課題整理	運用していくなかで顕在化した課題を検討する
中長期計画	経営ビジョン「将来のあるべき姿」と実現に向けた経営計画を確認する

表3 ビジネス理解のためのタスク例

たとえば、先進的なデザインを取り入れたモバイルサイトやアプリを開発した場合でも、その先進的なデザインを提供し続けられるスキルを持ったデザイナー（人材）がいなければ更新業務はできませんし、効果測定をするためのマーケティグツールがなければ、マーケティングデータが収集できなくなります。

ビジネスを理解することためには、マーケティングにおける目標や結果はもちろん、ビジネスの仕組みを提供し続けるための運用課題も整理する必要があります。

ヒント

提供されるデータや分析対象について、それらがユーザーの情報なのかビジネスに関する情報かを理解しておくと役に立ちます。ユーザーの情報ばかりでビジネスの情報がなければ計画が作れませんし、その反対だとユーザーにとって本当に価値あるものになるのかがわからなくなるからです。

また、「ユーザー」とは必ずしもコンシューマを指すとは限りません。運用視点を加えることによって、社内の運用者（サポート対応の方やオペレーターなど）も対象ユーザーに加わります。

進めるためのイメージ

企業が提供するものには、必ずユーザーに関する情報が必要になります。ユーザーにはコンシューマに加え社内の運用者も含まれるため、リニューアルや再構築の課題を調査する場合には、運用における課題やニーズも調査することが大切です。

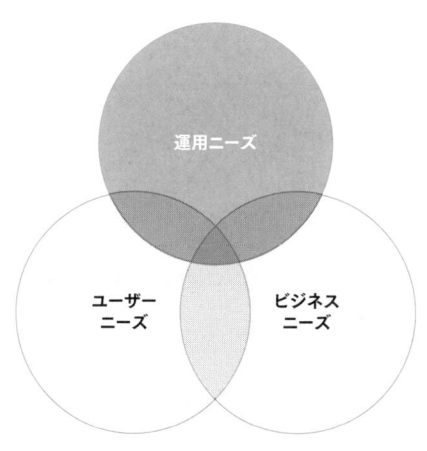

運用時のニーズ
- 新着情報はすばやく更新したい
- バナーはPSDのテンプレートがほしい
- 共通要素（ヘッダーなど）を決めてほしい
- 画像素材などは一元管理したい
- バージョン管理をきちんとしたい
- 同じ箇所の更新は自動化したい
- 確認のためプレビューがしたい

運用に必要なタスク例
- 運用体制（チーム）の構築
- 運用フロー（承認ステップ）の整備
- 運用ガイドラインやマニュアルの作成

図4　運用ニーズと必要なタスク例

よくある課題 ▶ 余計なタスクが多い

解決方法 ▶ HCDプロセスを基準に、タスクの順序や関係性を理解しましょう

前提

クリティカルタスクとは、もっとも重要なタスクであり、それがないと次に進まないタスクを指します。それを判断するには、HCDプロセスにおける4工程を理解しておくことをお勧めします。大規模なサービスやシステムのプロジェクトを管理・推進していくためには、大きな視点でタスクどうしの関係性が整理できていることが重要です。

たとえば「デザイン案の作成」タスクを見た場合には、そのタスクの前には「要求事項の明確化」が、後には「評価」があることがHCDプロセスで考えた場合にも重要になります。もしそのタスクが抜けている状態で進んでいる場合、要件や成果に対して問題が起きる可能性があります。

プロセス	1. 利用状況の理解と明確化	2. 要求事項の明確化	3. デザインによる解決策の作成	4. 評価
タスク	現状調査（アンケート）	ユーザーニーズの明確化	ワイヤーフレームの作成	公開
	簡易ユーザーテスト	コンセプト立案	デザイン案の作成	効果測定
	グループ インタビュー	ビジネス目標の策定	コーディング	
		シナリオの作成	プロトタイプの作成	
		ジャーニーマップの作成		
		サイト構造の設計		
		要求事項のまとめ		

図5 HCDプロセスを基準にタスクを見る

とくに、プロジェクトの開始時には「利用状況の理解と明確化」として、ユーザー調査やヒューリスティック調査、マーケティング調査などがクリティカルタスクとして考えることができます。反対に、これらのタスクがない状態で進んでいる場合には、本来それらのタスクで得られる結果（たとえば「多数のユーザーがこう考えている」など）について再度把握するためのステップが必要になります。

もしプロダクトについての把握ができていない状態であれば、関係者だけでもヒューリスティック調査として試用してみるのも有効なアプローチと言えるでしょう。「きっとユーザーはこう考えるであろう」といった仮説はプロジェクトをプロジェクトを前に進めるためのひとつの材料として考えることができます。

ヒント

クリティカルタスクは、タスク単体で見るよりもHCDプロセスのいわゆるサイクル（Chapter1-3を参照）で見ていくほうが、次に何をすべきか理解がしやすくなります。もし、評価のステップであれば次の利用状況の理解から始めることができますし、デザインの作成だけで終わっていれば評価のステップを追加する必要があります。

進めるためのイメージ

支給データなどインプットが多ければ多いほど、それらをどのように活用していくのかは見えづらくなります。もらえるデータは全部もらうという考え方もありますが、もらった結果何にも活用できない場合も起こります。そうならないためにも、はじめに仮説を立て重要なタスク（クリティカルタスク）を見据えて、どのように活用できるのかを思案するようにしましょう。

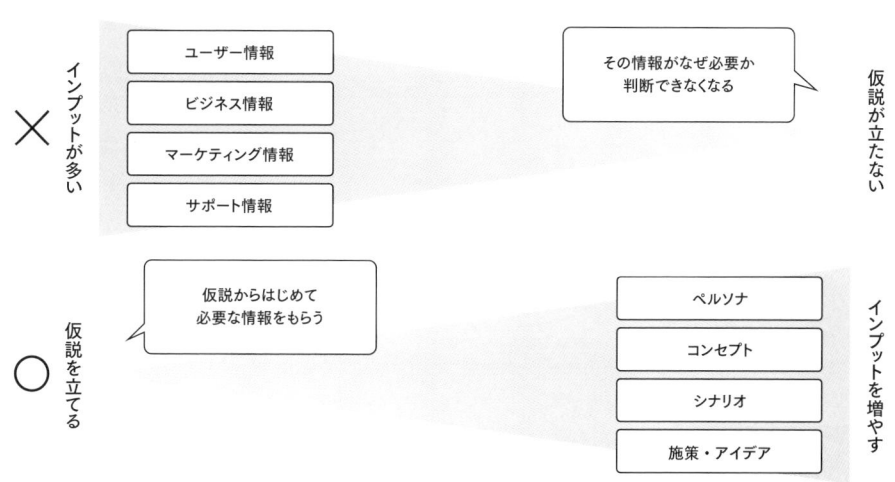

図6 まず仮説を立て、インプットを増やす

Q ▶ 企画から次の工程に
移れない

…………
よくある課題

A ▶ 企画は案にとどまらず、
後続タスクの
「要求事項の整理」としましょう

…………
解決方法

前提

企画は、実行されてはじめて意味を持ちます。とくにモバイルサイトやアプリを企画する場合には、派手なグラフィックや、システム仕様を描いたフローチャートなど図解したものも企画に含まれます。シナリオ作成やジャーニーマップ作成なども、そうした図解のひとつとして見ることができます。

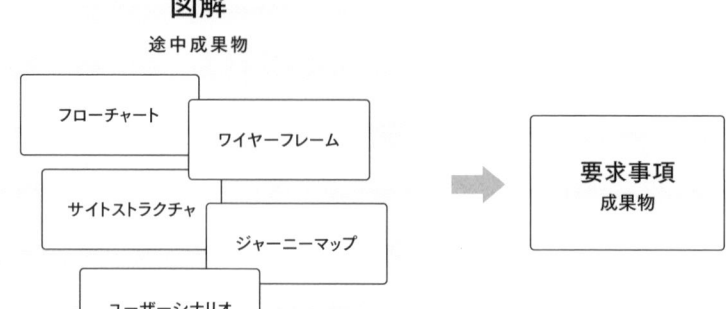

図7 ユーザーについてのタスク例

シナリオ作成としてユーザー行動やシステムの利用のされ方を文章で書いた場合、その文章は企画や設計に類するものになるため、最終の製品には使われません。カスタマージャーニーマップも同様に、現状把握や計画に使ったとしてもそれ自体は途中成果物になります。

では、それらを次の工程にきちんと渡すためにはどのようにすればいいのでしょうか。それにはHCDプロセスにもある「要求事項の明確化」にあるとおり、わかりやすく明文化することです。図解だけでは伝わりにくいということから、文章にまとめる必要があります。

ヒント

ダイアグラムやワイヤーフレームなどの図解は、それだけでは次の工程に伝わりにくいと考えるべきです。もちろん優秀なデザイナーであれば見ればわかるという場合もあるかも知れませんが、誤解がないようにするには文章で伝えることのほうが明確です。図解と合わせて文章でも伝えることが大切です。

進め方のイメージ

図解（ダイアグラム）だけを作成して終わるのではなく、要求事項として説明文書（ワイヤーフレームの場合であれば注釈や説明）を加えることが重要です。図解に要求事項が加えられてはじめて「成果物」として文書になります。

ダイアグラム　　　　　　　　　　　成果物

ワイヤーフレームに説明がないもの（実態のみ）　　　ワイヤーフレームに説明を加えて第三者が理解できるようにしたもの

図8 ダイアグラムと成果物の例

※UXのプロがアドバイス「Web担のサイトはこう変えるべし」――やってみました「UX診断」 参考2 をもとに作画

参考2 UXのプロがアドバイス「Web担のサイトはこう変えるべし」
http://web-tan.forum.impressrd.jp/e/2014/05/28/17255

Column > リーンUXと品質の関係性

顧客開発モデルと製品開発モデルとは異なります。顧客開発モデルの延長で述べられることの多い「リーンUX」は、あくまでプロセスの再考を促しているにすぎず、プロダクト（製品）の品質については述べられていないことに注意すべきです。

見落とされがちな品質

リーンUXでは、すぐにユーザーに試してもらうことや、フィードバックをすぐに得ることを重要視しています。ただこの取り組みを進めるためには、それらの目的に対しての品質が重要になります。つまり、これらの品質基準を満たしていなければ、いくらサイクルを早めたとしても有効な結果は得られないままサイクルが続くことになります。

❶ ユーザーでテストする	もっとも重要なケースだけを扱い、他はテストまで黙殺する
❷ フィードバックを得る	特定ユーザーのリテラシーを考慮したテスト設計をする
❸ 品質改善と製品開発がサイクルする仕組みを組織として構築する	

図1 リーンUXサイクルと求められる品質

サイクルを早めることとは、全体的なサイクルを早めるのではありません。ピンポイントで重要な機能にフォーカスすること、特定のユーザーに対して実施すること、そしてそれらのテストを含む仕組みを組織として構築することがサイクルを早めることにつながります。

高度な要求に対する理解力

プロダクト（製品）を検証してよりよくしていく取り組みは、いったんつくり上げるための製品開発と、フィードバックをもとにした品質改善が目的の製品開発とがあります。

もっとも重要なのは、このフィードバックを要求事項として正しく理解することと、その要求に適した提案（デザイン）ができあがることにあります。そのため、リーンUXにおけるチーム編成案では、プロジェクトマネージャーとデザイナーとがセットになり、それぞれがフィードバックの理解とソリューションとを担当できるようにします。

> Chapter

2

モバイルのUXデザイン

モバイルに対応したデザインは、利用する場所や画面の小ささによる特徴のほか、どのような状況で利用されるのかといったユーザーの背景から検討をはじめることが大切です。また、タッチ操作などインタラクションを介したUIデザインの見直しが必要になります。このようにモバイル環境下での利用状況や特徴をとらえることで、これからのユーザー体験を見直します。

2-1　モバイルファーストの考え方
2-2　モバイルデザインのヒント
2-3　タッチ・ジェスチャのインタラクション
2-4　解像度とレスポンシブ対応
2-5　Practice：モバイルの役割を考えるには？

コラム　クロスチャネルにおけるデザイン

> Chapter

2-1 モバイルファーストの考え方

「モバイルファースト」とは、2009年にLuke Wroblewski氏によって提唱された言葉で、スマートフォンの普及とクラウドの利用拡大により、PCを中心にした考え方からモバイルを第一に考えることへの変化を指します。

モバイルファーストを実現するには

書籍「モバイル・ファースト（Mobile First）」によれば、モバイルファーストの実践とは、モバイルインターネットの爆発的な成長にただ備えるだけではなく、ユーザーが本当に必要とすることにフォーカスすることで、これまでできなかった方法でのイノベーションが可能になること、とあります。モバイルファーストを実現するためには、モバイルサイトやアプリをただ構築すればいいという話ではありません。その際に、ユーザーが本当に必要とすることに着目して設計することが重要です。言うのは簡単ですが、これを実現するためにUXデザインという手法が改めて注目されています。

モバイルは、画面が小さく不安定な状態で利用する場合も少なくありません。一方で、24時間手元にあり、あらゆる場所から利用できる特性を持っています。そうした制約や特性を踏まえたデザインとは、単にPC用のデザインを持ち込むのではなく、新しい利用状況を理解しデザインし直すキッカケだと考えることができます。

Webだけにとどまらずユーザーが必要とする世の中のサービスや業務にもその考え方が適用されていくことを考えると、モバイルの利便性は向上し、より豊かなモバイル体験ができるようになると考えられます。

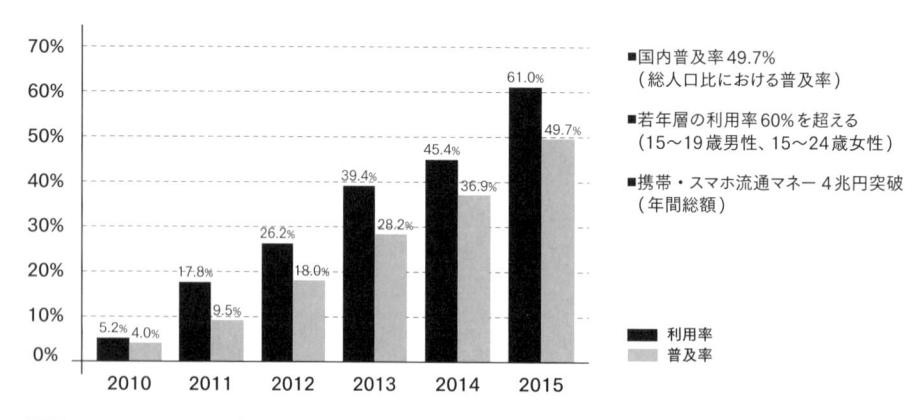

図1 スマートフォンの利用率と普及率の年次推移（日経BPコンサルティング調べ 参考1 ）

- 国内普及率 49.7%（総人口比における普及率）
- 若年層の利用率60%を超える（15〜19歳男性、15〜24歳女性）
- 携帯・スマホ流通マネー 4兆円突破（年間総額）

参考1 日経BPコンサルティング「携帯電話・スマートフォン"個人利用"実態調査 2015」
http://consult.nikkeibp.co.jp/report/keitai_kojin/

モバイルエコシステム

インターネットを介した「クラウド」を活用することで、PCのデータをモバイルで取得することや、モバイルのデータをタブレットで使うといったことが可能になりました。これまでのPC中心のデータバックアップなどの限定的な利用ではなく、いつでもどこからでもモバイルデバイスで情報を引き出し、随時更新が行なえる環境に変化してきています。

このように、クラウドの活用とスマートフォンなどのモバイル（アプリケーション）活用とを連携することにより、いつでもどこからでも利用可能な「エコシステム（生態系）」ができています。モバイルエコシステムとは、モバイルに関わる、人・製品・サービスなどを有機的に結びつけたプラットフォームを指します。モバイルエコシステムは、総合的なサービス提供を行なう基盤となります。

図2 モバイルエコシステム

一貫したモバイル体験

モバイルといっても、スマートフォンやタブレット、持ち運べるノートPCなどさまざまなデバイスが存在します。同じサービスでもデバイスごとに対応状況が異なると、ユーザーに混乱をきたしかねません。そのため、デバイスごとに適した対応を施し、一貫性のあるサービスを提供していく必要があります。

一貫性の保持	各タッチポイントのUXに一貫性を持たせること
状態の保持	どのタッチポイントでサービスを利用しても、同じ状態を保っていること
デバイス間の移動	同じエコシステム内にあるデバイス間で情報をやりとりできること あるデバイスで利用しているコンテンツを他のデバイスでも利用できること

表1 デバイス戦略を可能にする3つのポイント

モバイルの利用において、デバイス間の移動や同じ情報を異なるデバイスで利用することなどを考えると、こうしたデバイス戦略もモバイル体験をより豊かにするためには重要な取り組みになります。

> Chapter

2-2 モバイルデザインのヒント

モバイルの利用状況に焦点をあてた場合、PCを中心にしたデザインとは異なるアプローチが必要になってきます。モバイルの特性を踏まえたうえで、それらのヒントをモバイルフロンティアの6つから考察します。

モバイルの利用状況とデザイン

モバイルとPCとの大きな違いに、利用状況が異なる点と画面の大きさという点があります。この2つが大きな障壁となり、モバイルのデザインを窮屈なものにしてしまいがちです。しかし、これらの制約をうまく条件として取り入れることで、これまでにはなかったアプローチ（モバイルファースト）にシフトしていくことができます。以下の6つは、書籍「モバイルフロンティア」より、モバイルデザインのヒントを書きだしたものです。

モバイルの利用状況から来るデザインヒント
- 必要十分な表現にとどめる
- チラ見しやすいようにデザインする
- 階層を深くしない
- 自然な形で接点を見せる
- 途中で操作を止めても同じことができる
- 時間軸を使って情報を整理する

利用状況ごとのデバイスの使い分け

2013年5月に実施されたD2Cの調査「マルチデバイス利用動向調査 参考1 」によると、デバイスごとに利用シーンが異なる結果が出ています。この調査でスマートフォンとPCとの違いが顕著に出ています。

とくに、外出中に利用する人がスマートフォンでは87.2%いるのに対し、PCでは4.0%しかいません。一方で、情報をじっくり調べる時に利用する場合はその正反対の結果となっています。この結果から、ユーザーはそれぞれのデバイスの特性を明確に認識して使い分けていることがわかります。

利用状況	スマートフォン利用	PC利用
外出先や移動中での利用	87.2%	4.0%
情報をじっくり調べる時	8.5%	81.7%

表1 スマートフォンの利用状況（D2C調べ）

参考1 D2C「マルチデバイス利用動向調査」 http://www.d2c.co.jp/news/2013/07/04/959/

余計なものをそぎ落とす

モバイルのデザインでもっとも注意を払わなければならないのが、画面の小ささです。PCの画面サイズと比べると、その情報量は約1/3以下ととらえることができます。それだけモバイルのデザインでは「画面上に何を表示すべきか」に心血を注ぐ必要があります。

したがって、PC向けのデザイン（デスクトップサイトなど）がすでにある場合、モバイルで必要十分な範囲にまで編集することが求められます。

図1 PCとモバイルの画面サイズの違い

図2 デスクトップサイト（左）に対して必要十分な表現にとどめたモバイルサイト（Amazon）

ナビゲーションとレイアウトの編集

編集方針を検討する場合、デバイスに適した方針を立てる必要があります。Webブラウザの機能やOSで代替が可能である部分は極力省くことから考えます。

右図では、デスクトップサイトから以下の構成要素を省きWindowsアプリ向けに編集した例です。❶～❹の塗りつぶされた部分以外で構成されています。

- ❶ 機能ナビゲーション（検索、サインイン、ソーシャルアカウント）
- ❷ グローバルナビゲーション
- ❸ その他のコンテンツ（ブログ、メルマガ、広告など）
- ❹ フッターナビゲーション

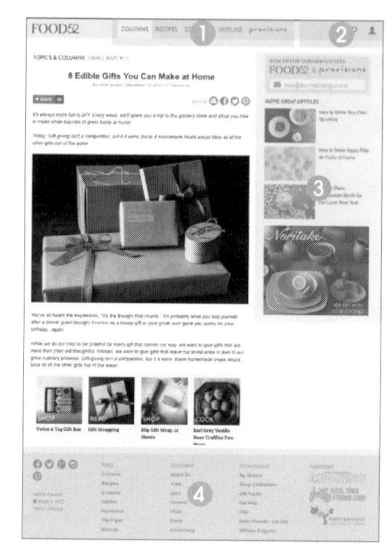

図3 Windowsアプリへの編集例（Food52）

チラ見しやすいようにする

情報をじっくり調べる時には、デスクトップでPCを使うほうが適しています。これに対してモバイルでの利用状況には、日差しが降り注ぐ屋外や夜間での暗がり、車の騒音が激しい場所や病院などの静かな空間、電車の車内や自転車走行時などが考えられます。そのような状況下では、瞬時に目的の情報を入手できる必要があるため、メリハリやコントラストに注意を払う必要があります。

	光量	周囲の音（騒音／静けさ）	揺れ	通信環境
モバイル	屋内や屋外で、逆光や直射の場合など、周辺環境により異なる	静かな公園や工事現場付近など、さまざまな状況がありうる	自分の手で持つため、固定した状況で使うことは少ない	ネットワーク環境がある場所やない場所など、周辺環境により異なる
デザインのヒント	重要なボタンや文字などのカラーリングは、コントラストをつけるなど	ミュージックをはじめ効果音やサウンドを鳴らす場合の状況を正しく理解する	揺れていてもおおまかには判断できる大きなボタンや文字などを工夫する	つながらない場合への対処方法や、解消方法のチュートリアルへの誘導など

図4 利用環境への対応例

モーダルとモードレス

アプリなどでは、アプリを起動しない状態でも利用（閲覧）を可能にするなど、特定のモード（アプリの世界）に入り込まなくても利用ができるよう、考慮する傾向があります。ユーザーが意識しなくても利用可能な状態にすることも、モバイルデザインでは重要です。

モーダル

モードがある状態。つまり、システムが特定の機能の使用に制限された状態。ユーザーが自由に操作を行なえなくなることと、モード別に機能の意味や振る舞いが変化することから、ユーザーインターフェースのデザインでは、できる限りモードを設けないほうがよいとされる。

モードレス

モードがない状態。ユーザーインターフェースをデザインする際に目指すべき状態。状況に依存した機能制限がなく、自由な手順でタスクを進行することができ、かつ特定の操作がシステムによって常に一定に解釈される状態を指す。

その他のヒント

モバイルデザインにおける留意点として、他にはコンテンツの構造にあたる階層の深さの問題（少なくすること）や、利用する際の流れを自然にすること、再開や復帰を考慮することなどがあります。

階層を深くしない

瞬時に目的の情報を必要とするユーザーに対して、目的の情報を探すのにいくつものステップもあると途中であきめてしまう恐れがあります。なるべく少ないステップで少ない階層で目的のことを達成できるようにすることは、デスクトップサイトのデザインにも共通して考えるべきことです。

自然な形で接点を見せる

複数のアプリをまたがる操作をする場合を考慮し、自然な流れで目的のことを行なえるようにデザインします。たとえば、電話番号の記載がある画面では、そのまま電話がかけられるようにすることや、住所の記載があればすぐに地図アプリに連携することなどが考えられます。

途中で操作を止めても同じことができる

利用状況により、途中でタスクを中断せざるを得ない状況も起こります。たとえば、フォーム入力の途中に電話がかかってきた場合やメールを見ようとしてアプリを切り替えた場合など。そうした場合に、フォーム入力画面に戻ったときには、タスクを途中からやり直すことができるよう配慮すべきです。

時間軸を使って情報を整理する

TwitterやFacebookのタイムラインを想像するとわかるように、時間軸を使って情報を整理することで、過去の利用履歴がわかるようになり、繰り返し同じタスクを実行する際などにも利用できます。

> Chapter

2-3 タッチ・ジェスチャの インタラクション

モバイルUIデザインでは、これまでのマウス操作から、指で操作するタッチ・ジェスチャによるユーザビリティを考慮する必要があります。各デバイスに適したボタンサイズや文字サイズ、またそのインタラクション（振る舞い）について理解します。

考慮すべき身体性

モバイルサイトがデスクトップサイトともっとも違う点は、マウス操作ではない点です。マウスという機械ではなくユーザーの指がデバイスとして機能します。そのため、ユーザーの身体的な都合により、使いやすくも使いにくくもなります。また、見ている画面と操作する画面が同一のものであるため、操作時の不都合が状況により異なります。右図のように、身体性を踏まえると操作しやすい領域としづらい領域とが考えられます。

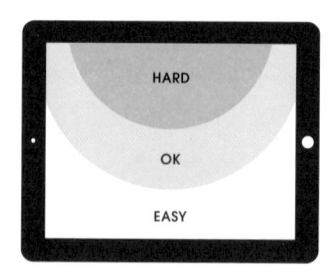

図1 スマートフォンとタブレットでの操作領域の違い

ガイドラインでの違い

一方で、そうした身体性を考慮したデザインは、各OSを提供している企業により違いがあります。たとえば、ボタンの推奨サイズについてAppleのiOSでは「44px×44px」 参考1 を基準に、GoogleのAndroidでは「48dp×48dp」 参考1 以上が望ましいとされています。もちろん記載されている単位の違いこそありますが、細かな数字の違いがある点を理解しておく必要があります。詳細は、各社が提供しているアプリの規格（ガイドライン）を確認しておきましょう。

図2 iOS Human Interface Guidelines

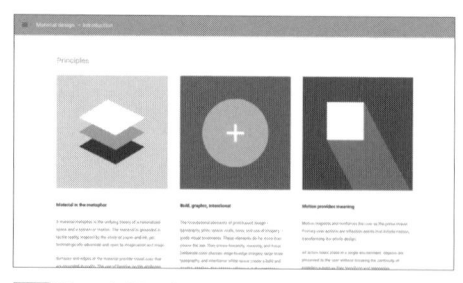

図3 Material Design

参考1　px/dp 「px」は「Pixel」の略。解像度などの単位を指す。「dp」は解像度に応じてサイズを変える単位で「DeviceIndependent Pixel」の略。なお、「dip」は「dp」と同じ。

タッチしやすいサイズ

一般に、人差し指のサイズは45~57px程度、親指の幅は72pxと言われています。AppleのiOSにある「44px×44px」を基準にして考えることで、一定の判定領域を確保することができます。

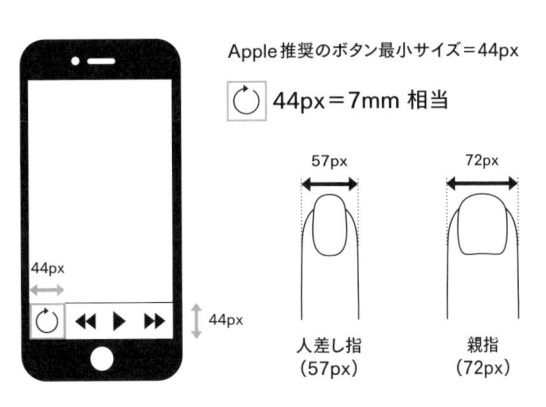

Apple推奨のボタン最小サイズ＝44px

44px＝7mm 相当

57px 人差し指（57px）
72px 親指（72px）
44px

図4 ボタンサイズと指のサイズ

テキストサイズ

モバイルサイトでは、デスクトップサイトでのテキスト標準サイズ（12px~14px程度）よりも大きい想定で扱う必要があります。推奨文字サイズ（高さ）は7mm以上を基準とすると言われていますが、タブレット（7inch以上）などでの推奨文字サイズは16pxが好ましいという調査結果 参考2 があります。

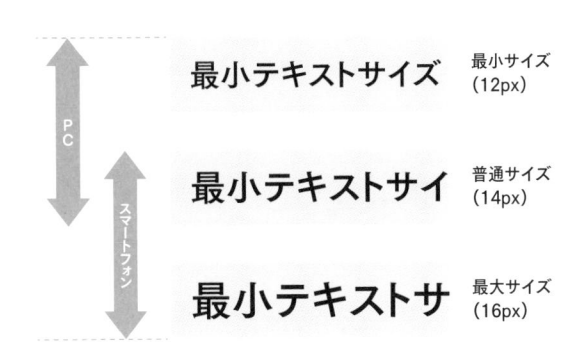

PC / スマートフォン

最小テキストサイズ　最小サイズ（12px）
最小テキストサイ　普通サイズ（14px）
最小テキストサ　最大サイズ（16px）

図5 テキストサイズ

デバイスにおける最小サイズ

ユーザビリティに関する専門サイト「UXMatters」では、デバイスにおける最小サイズの目安を紹介しています。

ターゲット	2.5inchのスマートフォン	3.5~5inchのスマートフォン	9~10inchのタブレット
テキスト	4pt/1.4mm	6pt/2.1mm	8pt/2.8mm
アイコン	6pt/2.1mm	8pt/2.8mm	10pt/3.5mm

表1 さまざまなデバイス上の最小サイズ

	タッチ目標となるサイズ	干渉エラーを回避するサイズ
最小	17pt/6mm	23pt/8mm
好ましい	23pt/8mm	28pt/10mm
最大	43pt/15mm	干渉エラーを回避するサイズ

表2 最最適なUIのサイズ目標

参考2　IMJ「タブレット端末でのサイトユーザビリティ調査」 http://www.imjp.co.jp/report/research/20130515/000960.html

ジェスチャによるインタラクション

Microsoft Kinect 参考3 などに見られる身体全体を使ったジェスチャ操作は、瞬く間にさまざまなインタラクションに適用されてきています。手を叩いて照明を操作したり、手を回すとボリュームが操作できたりと非接触で行う操作も増えてきています。

図6 身体を使ったジェスチャでの操作例

ジェスチャとマウス操作

スマートフォンなどでのジェスチャ操作は、接触型の操作として指で画面（ガラス面など）に触れて操作します。次の表に、よく使われるジェスチャの操作方法をご紹介します。PCでのマウス操作に慣れているユーザーにとってわかりやすいように、比較して整理しましょう。

最小	タップ	ドラッグ / スライド	フリック / スワイプ
利用例	ボタンを押す動作やアイテムの選択などで頻繁に用いられます	画面および要素内を垂直方向や水平方向にスクロールする際に用いられます	複数の画面や要素をまたがる場合のページ送りなどに用いられます
ジェスチャ	指で画面を軽く叩きます	指で画面を上下に滑らしながら動かします	指で画面を左右に滑らしながら動かします
マウス	マウスをクリックします	マウスでスクロールやドラッグ&ドロップします	「前のページへ」「次のページへ」などのリンクをクリックします

表3 ジェスチャとマウス操作

視覚表現の重要性

ジェスチャによる操作はマウス操作とは違うため、マウスイベント（マウスオーバーなど）などが実行できません。また、指でタッチした際にも、ボタンが指で隠れていることや

参考3 Kinect　2010年にMicrosoftから販売されたXbox向けのジェスチャ・音声認識によって操作ができるゲームデバイス。コントローラを用いずに操作ができる体感型のゲームシステムを指す。

「押したこと」がユーザー自身にはわかりにくいといった課題があります。そうした状況をうまく表現する工夫（視覚表現によるフィードバックなど）が必要です。

ユーザビリティの問題

タッチおよびジェスチャを介したインターフェースでは、操作自体がユーザーに依存することが大きいため、使いやすさの面ではさまざまな印象がもたれています。とくにジェスチャによる操作では、入力方法がわからないといった独自の課題があります。このように、まだまだ標準的な操作方法が確立されていない背景を十分に理解しておくことが大切です。

> **ジェスチャ操作における課題**
> - はじめに操作方法がわからないため、マニュアルや説明を読む必要がある。
> - メニューが常時表示されないため、記憶だけを頼りにする必要がある。
> - 動作の違いで結果が異なる場合、フィードバックが得られにくい（動かす速さの違いなど）。
> - コンテンツに集中しているため、画面上のアラートが見落とされがちになる。

同様に、Jacob Nielsen博士著「Tablet Usability」（2013年）には、タブレットのユーザビリティについて、以下のような問題を取り上げています。これらユーザビリティ上の問題を踏まえてデザインに取り組む必要があります。

意図しない起動
ユーザーは誤って何かに触ってしまうことがよくあるため、そうした結果を取り消すための手段が必要である。

スワイプの曖昧さ
画面が（我々が警告しているフレームのように）さらに小さな区域に分かれていると、ジェスチャがそのどこで起動されるかによって、同じジェスチャでも結果が異なってしまう可能性がある。この問題は区域の境界線がはっきりしないフラットデザイン [参考3] がトレンドになっていることで、さらに悪化している。

不可視性
ユーザーが自分が行ったばかりのジェスチャを見ることができない。さらには、タッチすべきものを見ることすらできないこともある。繰り返すが、フラットデザインによってこの状況は悪化している。

学習のしにくさ
先述したすべての問題が合わさった結果、ジェスチャを学ぶのが難しくなってしまっている。タップやプレス、スワイプ、ドラッグ、ピンチといった基本レベル以上のジェスチャを使えるユーザーがほとんどいないため、高度なジェスチャは存在していないのと同じような状態にある。

[参考3] **フラットデザイン** ユーザーインターフェース（UI）において、装飾性をできるだけ抑えたシンプルで平面的なデザインの総称。2013年6月に発表されたAppleのiOS7が採用したことで注目を集めた。

> Chapter

2-4 解像度とレスポンシブ対応

さまざまなデバイスが増えたことで、それらの画面サイズに対して適応度合いを検討する必要があります。ここでは画面サイズを自動的に検知して流動的に画面レイアウトおよび出し分けを判定する方法（レスポンシブ対応）を理解します。

さまざまなデバイスにおける画面比率

近年普及しているフルハイビジョンテレビの画面解像度は、1920px×1080pxと言われています。16:9の縦横比になるため、これまで多く普及してきた4:3の比率に比べるとずいぶんと横長になります。したがって、その比率に対応していない番組では、左右が黒く塗りつぶされたり、全体に横長に拡張されているものがあります。以下にテレビなどのデバイスにおける画面比率を挙げましたが、4:3から16:9に変わってきているのがわかります。

通称	画面解像度	画面比率
ワンセグ	320px×180px	16:9
DVD	720px×480px	16:9/4:3
NTSC（地上アナログ放送）	720px×483px	4:3
HDTV（1080i/1080p/フルHD）	1920px×1080px	16:9
ハイビジョン（地上デジタル放送）	1440px×1080px	4:3
フルハイビジョン（1080i/1080p）	1920px×1080px	16:9

表1 さまざまなデバイスにおける画面サイズと比率

ブラウザサイズ（表示エリア）

近年のノートPCの画面解像度は、テレビなどと同様に16:9の画面比率が多くなってきています。ただし、ユーザーは環境に合わせてブラウザサイズ（表示エリア）を自由に変更できるため、デバイスのサイズとブラウザサイズを必ずしも同一視する必要はないと考えることができます。

しかし、スマートフォンに搭載されるWebブラウザには、表示領域のサイズ変更ができません。したがって、作成する画面デザインは個々のデバイスのサイズに大きく依存することになります。その結果、デバイスのサイズ＝ブラウザサイズに合わせる意識がより高まってきたと言えます。

ファーストビューの目安

スマートフォンの画面解像度の目安は、iPhoneの初期のもの（3GS）が最小で320×480(px)

となり、Androidでは480×800(px)を最小として考えることができます。また、近年高精細化が進み「iPhone 6+」や「Sony Xperia Z」では1080×1920(px)が最大と見ることができます。

OS	横幅	高さ	端末の例
iOS（最小）	320px	480px	iPhone 3GS
iOS（最大）	1080px	1920px	iPhone 6+
Android（最小）	480px	800px	Galaxy S
Android（最大）	1080px	1920px	Sony Xperia Z

表2 iOSとAndroidデバイスにおける画面解像度

なお、デバイスの数に比例してデバイス固有の数字だけで判断するのではなく、後述するデバイスピクセル比率なども踏まえて、どの範囲をターゲットとして設計するのかを検討しなければなりません。

ブラウザと解像度

ブラウザ表示の場合はOS標準ブラウザのツールバーなどが表示されますし、アプリの場合にもOSごとに表示サイズが決められています。そのため、デザインエリアサイズ（描画されるコンテンツエリアサイズ）は画面解像度から標準で表示されるパーツ類を差し引いたサイズになります。

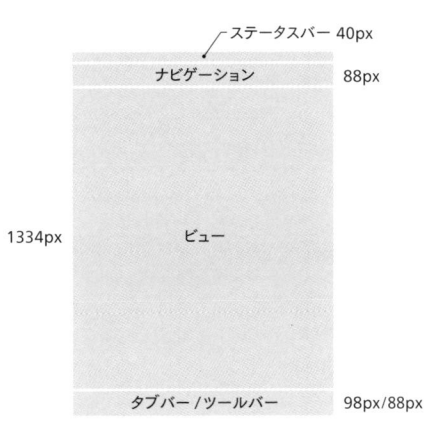

図1 iPhone6のパーツのサイズ

こうしたデバイスごとのサイズの違いを視覚的にわかりやすく比較できるサイト（PaintCode 参考1 など）を参照し適切なデザインサイズを検討する必要があります。

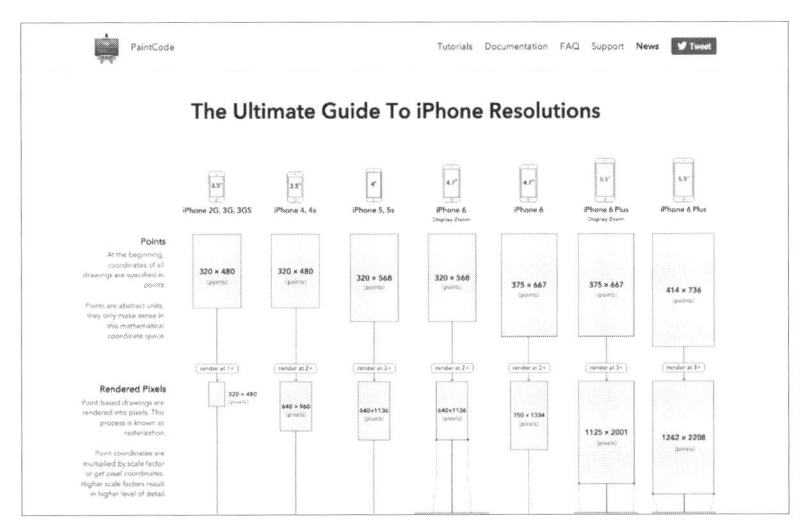

図2 参考サイトでデザインサイズを検討する（PaintCode）

参考1 PaintCode　http://www.paintcodeapp.com/news/ultimate-guide-to-iphone-resolutions

画面解像度の違い

高精細な（高解像度の）デバイスが普及したことにより、デバイスが持つ物理的なピクセル数（デバイスピクセルサイズ）と表現上のピクセル数（CSSピクセルサイズ）とに違いが生じた結果、これまで普通に見えていた画像が、ボヤケて見えたりすることが散見されます。

たとえば、iPhone 3G/3GSとiPhone 4/4Sとで比較した場合、理論上のCSSピクセルサイズ（320×480px）は同じですが、デバイスピクセルサイズが2倍（640×960px）になるためこの違いが生まれます。これを予防するためには、あらかじめ2倍のサイズでデザインを行なう必要があります。

デバイスピクセル比率

次の表は、Androidのデバイスにおけるピクセルサイズを判定するためのグループ分けを示しています。たとえば、iPhone 3G/3GS（mdpi）を基準にした場合、Xperia（SO-01B）はhdpiになるため1.33倍、Xperia NXはxhdpiに相当するため約2倍のサイズの画像などを用意しておくことが必要になります。

グループ呼称	ldpi	mdpi	hdpi	xhdpi	xxhdpi	
ピクセル密度	120dpi	160dpi	240dpi	320dpi	480dpi	640dpi
ピクセル比率	0.75	1	1.33	1.5	2	3
画面解像度	240×400px	320×480px (HVGA)	—	480×800px (WVGA)	720×1280px (HD720)	1080×1920px (HD1080)
デバイス例	—	iPhone3G/3GS	Galaxy SII	Galaxy Nexus	Galaxy SIV	—

表3 ピクセル密度グループ

これらデバイスごとのデバイスピクセルサイズやCSSピクセルサイズについては、Screen Sizes 参考2 などの一覧を手元に置いて検討する必要があります。

レスポンシブ対応

さまざまなデバイスおよび画面解像度に対して、個別に適応していくことには限界があります。そこで、近年ではそれぞれの画面解像度に対して流動的にレイアウトを変更する表示手段として、レスポンシブ対応があります。CSSのメディアクエリーによる判定により、アクセス時にさまざまなデザインに自動変更を行なうものです。

個別のHTMLなどは不要のため、SEO対策としても注目されている技術です。画面サイズが小さい場合から画面サイズが大きい場合のレイアウトの変化を右ページに示します。

参考2 Screen Sizes　さまざまなデバイスごとに、画面解像度やdpiなどを一覧にしたWebサイト。http://screensiz.es/phone

図3 レスポンシブ対応の例（Coiney）

ブレイクポイントの決め方

画面解像度ごとと言ってもすべてに対応するのではなく、ある一定のサイズを基準にデザインを切り替えます。その基準をブレイクポイントと呼びますが、デバイスの普及やアクセスされるデバイスの状況に合わせて設定します。

たとえば、次の表の場合、画面解像度が横幅500pxであれば、480pxで用意したデザインに振り分けます。

基準サイズ	ブレイクポイントサイズ
iPhone縦置き（ポートレート）	320px
iPhone横置き（ランドスケープ）	480px
iPad縦置き（ポートレート）	768px
デスクトップ PC	1024px

表4 ブレイクポイントの例

デバイス依存を避けるには

CSSのメディアクエリーによる判定は、デバイス依存を免れません。これに対してコンテンツを主軸に考える方法（コンテンツファースト）として、コンテンツに含まれる文字数などを基準にした対応方法があります。文字数の単位である「em」や「rem」 参考3 をその判定基準に用いる方法として、今後は判定基準やフレームワークが統一されていくことが予想されます。

参考3　em/rem　いずれも文字サイズの単位を指す。「rem」とは「root」+「em」という意味で、root要素（HTML）のフォントサイズを継承することになり、相対的にフォントサイズを指定することができる。

> Chapter

Practice 実践

2-5 モバイルの役割を考えるには？

モバイルでは主に、モバイルサイトやアプリを利用します。デスクトップとは異なるそのメディア特性やデバイスの特長を理解したうえでよくある課題について理解していきましょう。

陥りがちな問題

モバイル環境をデスクトップ環境と同じように捉えてしまうことで、視点が偏ってしまうことがあります。その結果、情報量が多く複雑で使いにくいシステムになってしまう可能性があります。

よくある課題

この問題を解決するうえでいくつかの課題があります。

1. ユーザーの目的がわからない
2. コンバージョンが上がらない
3. モバイル独自のアプローチができない
4. Webサイトとアプリの境目がわからない

これらの課題は、モバイルデザインを行ううえで重要な課題が含まれます。さまざまなメディアやチャネルを超えて目的を達成しようとする場合、とくに人々が「使う」という状況において、モバイルサイトやアプリのことだけを考えるのではなく、それがどのような場所で使われ、どういう目的で使われるのか、といったことを理解して取り組む必要があります。

背景

これらの課題は、モバイルをデスクトップの延長線として見てしまうことで起きやすくなります。もちろんインターネットを利用することやWebサイトを閲覧する技術は似ていますが、デバイスの特長や利用状況から見た場合、デスクトップとは別のものとしてとらえるほうが理解しやすくなります。

とくに大きな違いは、画面サイズと利用環境の違いです。デスクトップのように大きな画面を静止した状態で操作する場合に比べて、モバイルは外出先で小さな画面に対して指で操作します。この違いを踏まえると、静止していない状態での操作のしやすさや、使うことのできる利用環境が異なります。

そのため、利用方法を理解することからはじめて、さまざまな状況を想定しつつ、利用環境に応じたデザインを進めることが求められます。

モバイル	タブレット	デスクトップ
持ち歩きが可能		静止された場所
画面サイズ（小）		画面サイズ（大）

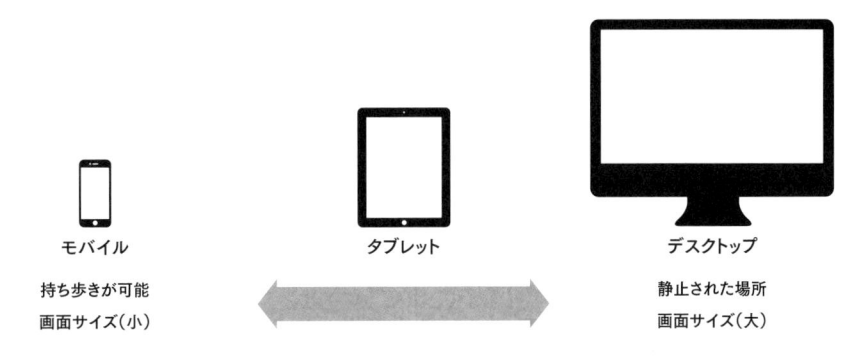

図1 モバイルとデスクトップの違い

解決の糸口

モバイルの利用は手段に過ぎず、ある目的を達成するために利用しています。最終目的のために用意するモバイルサイトやアプリには何が求められるのか、役割を見極めることによりモバイルの利用価値は高まります。

いつでもどこでも利用できるということ以上に、モバイルデバイスの機能と連携することで、これまでにないモバイル体験をつくり出すことができるかも知れません。Webサイトとアプリを個別の製品ではなくひとつのサービスとしてとらえることで、それぞれの得意・不得意を補うカタチで役割を担うことができます。それが一貫した体験をつくり出すことにつながります。

つまりモバイルを考えるということは、本来の目的や行動に即したモバイルの役割を再整理することになります。

1. ユーザーの目的がわからない ▶ 本来の目的とモバイルを利用する目的を分けて理解しましょう
2. コンバージョンが上がらない ▶ 単一のページが担う役割の大きさを理解することからはじめましょう
3. モバイル独自のアプローチができない ▶ GPSやカメラなど、モバイル独自の機能を活用しましょう
4. Webとアプリの境目がわからない ▶ 別々にとらえるのではなく、ハイブリッド型で考えてみましょう

[Knowledge 関連知識]

Webでできること・できないこと

ユーザー行動シナリオとは、製品やサービスを利用するユーザーの目的を達成するまでのステップを指します。製品やサービスの利用前後を含めて包括的に意思決定の流れをシミュレーションしていくもので、それぞれのステップにおけるユーザー行動と思考を通じて課題を見つける手法です。課題を、オンラインでできることやできないことなどで整理したうえで、Webやモバイルでできること／できないことを明確にしていきます。

Webでできること	Webでできないこと
オンライン手続き	会場に訪れる
ダウンロード	宅配する
メルマガ配信	おみやげを買う

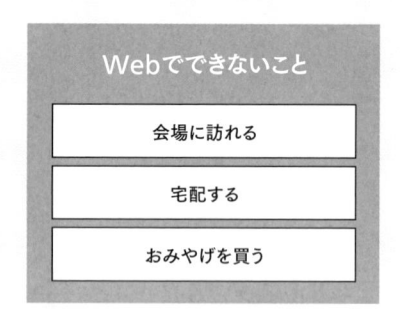

図2 ユーザー行動の整理

たとえば、ユーザーはモバイルで何をしようとしているかといった行動や思考、その時にどのような悩みを抱えているかやニーズなどを抽出します。そのうえで、ユーザーの思考や悩みに対してどのようなアプローチで向き合うべきかソリューションを検討します。

タッチポイントのデザイン

タッチポイントとは、人々と製品やサービスとのすべての接点を指します。コンタクトポイントやリレーションポイントなどとも呼ばれ、主にWebサイトなどのメディアや広告、店舗や店員などのチャネルを含みます。製品やサービスの接点は大きく分けると、利用前・利用中・利用後の3つのステージに分かれますが、これらのステージ上で行われる行動の一つひとつに接点となるタッチポイントが存在します。

利用前	利用中	利用後
検索連動型広告	Webサイト	ソーシャルネットワーク

表1 製品やサービスと人々とのタッチポイント例

ユーザー行動シナリオと合わせてタッチポイントの連続をジャーニーと表現します。カスタマージャーニーマップ（Chapter5を参照）として俯瞰できるようにすることで活用することができます。

スマートフォンの利用状況からわかること

高校生価値意識調査2014（リクルート進学総研）　参考1　によると、高校生のスマートフォ

参考1　高校生価値意識調査 2014（リクルート進学総研）
http://souken.shingakunet.com/research/2014 smartphonesns.pdf

ンの所持率は80%を超え、アプリの利用率も前年比2.6倍の90%を超えています。アプリでは、TwitterやLINEなどのソーシャルネットワークサービスやメッセージングサービスをはじめ、YouTubeなどの動画やInstagramなどの写真加工などが主に利用されています。

スマートフォン所持率　　　アプリ利用率

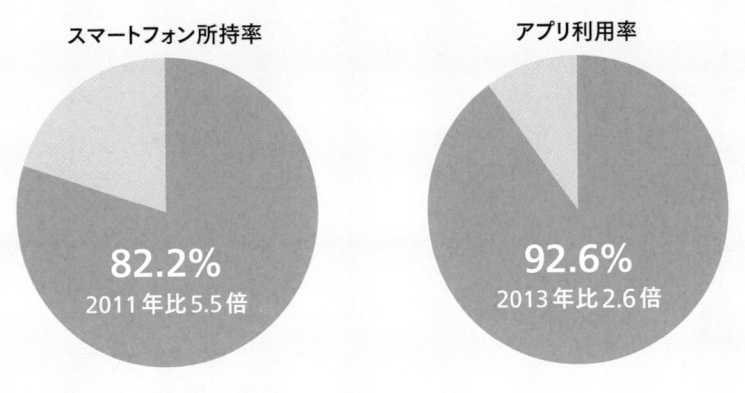

82.2%　　　92.6%
2011年比5.5倍　　2013年比2.6倍

図3　高校生のWeb利用状況（リクルート進学総研）

このことから、スマートフォンの所持率とアプリの利用率は比例しますが、モバイルサイトなどの利用はそれほど多くはないのが実態です。これからはスマートフォンだモバイルだと叫ぶのは簡単ですが、そのほとんどがネイティブアプリの利用となり、かつ大半のシェアを持つ大手のアプリが利用されているだけという実態です。そうした実態を踏まえてモバイルにおけるサービスを企画する必要があります。

Webアプリとネイティブアプリの違い

アプリの中でWebアプリとネイティブアプリを比較した記事がよくありますが、ワンソースで多様なOSやデバイスに展開できるWebアプリは開発コストの面でもネイティブアプリより安いことが最大のメリットでしょう。ネイティブアプリはマーケットプレイスを使うこともあり、開発コストがWebアプリよりもかなり高く、専用のエンジニアが必要となります。そのため、開発リソースにも違いが見られます。

比較	Webアプリ	ネイティブアプリ
動作速度	遅い	速い
導入コスト	安い（Webで検索）	高い（マーケットプレイスからインストール）
開発コスト	安い	高い
開発リソース	多い	少ない

表2　Webアプリとネイティブアプリの違い

そのような違いを踏まえ、両方のメリットとデメリットを活かしたハイブリッドアプリが注目を集めています。更新頻度が高い場合にはWebアプリを用いて、動作速度が求められる場合にはネイティブアプリにするなど、それぞれを補完させるよう活用します。

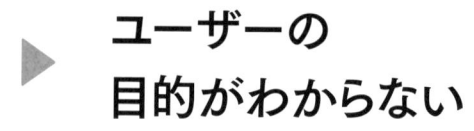

| **Q** よくある課題 | ▶ ユーザーの目的がわからない |

| **A** 解決方法 | ▶ 本来の目的とモバイルを利用する目的を分けて理解しましょう |

前提

ユーザーと製品やサービスを結びつけるためには、ユーザーの利用背景を理解するところから始める必要があります。ユーザーの利用背景は、なぜその製品やサービスを利用することになったのか、きっかけや理由を理解することを通じて知ることができます。そのためには、アクセスログからユーザーの動きを把握したり、ユーザー調査を実施して生活や価値観を明らかにします。

たとえば、ECサイトで商品を購入する場合、その商品で何かをすることが本来の目的となります。フライパンを買うのは料理することが目的であり、映画のチケットを買うのは映画鑑賞が目的です。これらの場合ECサイトは、商品を購入することまでが役割のように見えますが、ユーザーの本来の目的を理解すると、その後にユーザーが必要とする情報まで提供することが可能になります。

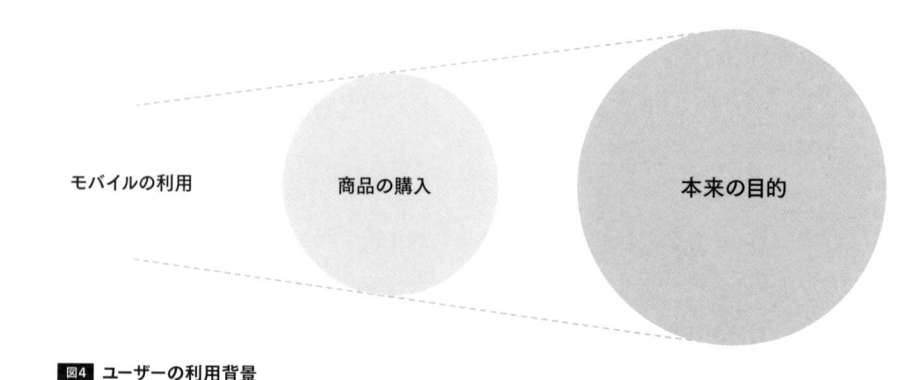

図4 ユーザーの利用背景

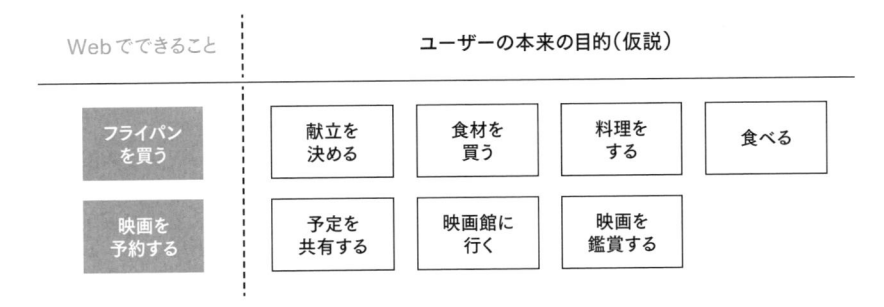

Webでできること	ユーザーの本来の目的（仮説）
フライパンを買う	献立を決める／食材を買う／料理をする／食べる
映画を予約する	予定を共有する／映画館に行く／映画を鑑賞する

図5 ユーザーの本来の目的を仮説立てする

商品を購入する目的のECサイトでも、ユーザーの本来の目的を理解していることで、次の行動を予測することができます。たとえば食品を扱うECサイトの場合、フライパンの購入後に、店舗までの地図を表示することやその店舗の割引クーポン券の発行などを促すことが有効となるかもしれません。

次の行動を予測して有益な情報へとつなげることは、結果としてユーザーの満足度向上に役立つ工夫と考えることができます。

ヒント

モバイルサイトまたはアプリが持つ情報だけで考えず、最終的にユーザーがどのようにサービスを利用しようとしているのか仮説を立ててみることが重要です。そしてそれを活かすためには、ユーザー行動の連続性を見極めたうえで、自然な流れの中で提示することが大切です。

進め方のイメージ

ペルソナを開発する際やユーザー調査をする際に、製品やサービスの利用背景を理解し、ユーザーの本来の目的や課題意識を把握しましょう。

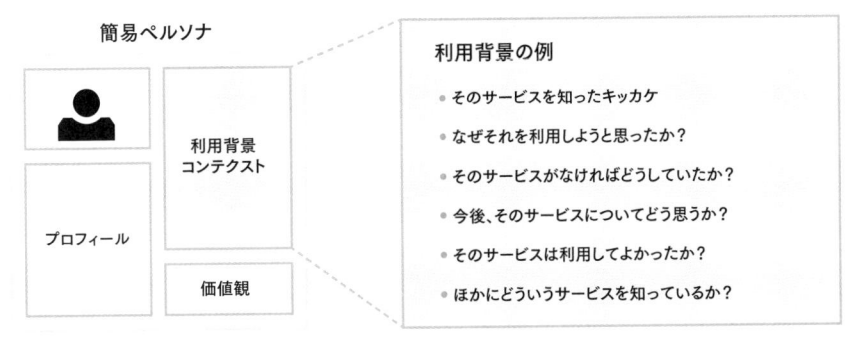

簡易ペルソナ：プロフィール／利用背景コンテクスト／価値観

利用背景の例
- そのサービスを知ったキッカケ
- なぜそれを利用しようと思ったか？
- そのサービスがなければどうしていたか？
- 今後、そのサービスについてどう思うか？
- そのサービスは利用してよかったか？
- ほかにどういうサービスを知っているか？

図6 ペルソナからユーザーの利用背景を理解する

Q よくある課題
▶ コンバージョンが上がらない

A 解決方法
▶ 単一のページが担う役割の大きさを理解することからはじめましょう

前提

LP（ランディングページ）は、その名のとおりユーザーがたどり着くWebサイト側の受け皿として機能することを担います。受け皿として機能した後は、Webサイトのコンバージョン率を上げることが求められます。コンバージョンにはさまざまなものがありますが、「購入」や「申し込み」が代表的なものでしょう。LPは、ユーザーが目的を達成するために必要な情報を提示し、コンバージョンへとつなげる役割を担います。

たとえば、検索エンジンサイトで製品名やサービス名で検索する場合、ユーザーのほとんどはLPと呼ばれる専用ページを経由してWebサイトにアクセスします。なお、階層構造をもつWebサイトのうち、LPは、構造には含まれず独立して存在することが多くなります。したがって、Webサイト側からLPを見つけることが難しい場合もあります。

検索エンジン　→　LP（ランディングページ）　→　コンバージョン

製品やサービス名で検索　→　LPに到達　→　購入や申し込みを行う

図7 検索からコンバージョンへの誘導

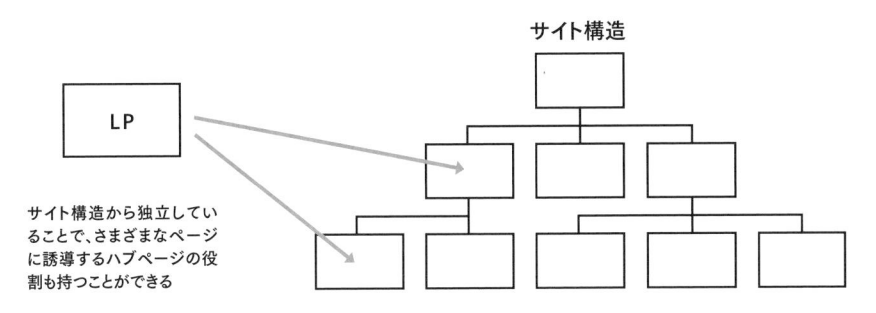

図8 独立して存在するランディングページ

検索エンジンからの流入を考えると、Webサイトにはあらゆるウェブページから直接アクセスすることも可能です。また、SNSやメッセージから直接Webページにアクセスする機会も多いでしょう。Webサイトはトップページのような扉ページを経由せずとも、さまざまなページに直接アクセスすることが可能になるため、Webサイトの持つ構造とは関係なく、単一のページに求められる役割が大きくなります。最近では、アプリ利用中にWebサイトにアクセスし、単一のページを見ただけでまたアプリに戻るといった利用のされ方も増えてきています。

ヒント

Webサイトは全てのWebページがランディングページだと考え、上位階層だからとか下位階層だからとかによってWebサイトの階層順に優先度をつけないようにします。そして、単一のページにおけるナビゲーションや情報の関連性を意識して設計します。

進め方のイメージ

ランディングページには、その目的に合致する適切な情報のほかに、コンバージョンにつなげるアクションとは何かが関係してきます。全ページがランディングページになるためには、目的やコンバージョンを意識した情報設計が重要です。以上の相手には、モバイルサイトのランディングページを集めたギャラリーサイトが参考になるでしょう。

図9 ランディングページのギャラリーサイト
（ランディングページ集めました。 参考2 ）

参考2 ランディングページ集めました。 http://lp-web.com

Q よくある課題

モバイル独自の
アプローチができない

A 解決方法

GPSやカメラなど、
モバイル独自の機能を
活用しましょう

前提

モバイル独自のアプローチとは、デスクトップPCにはない、通話機能や高精細カメラ、GPSやセンサーなどを指します。デバイスにより細やかな機能の差はありますが、代表的なスマートフォンの機能を活用することで、新たなモバイル体験をつくり出すヒントになります。また、スマートウォッチなどのウェアラブルデバイスに見られるようなヘルスケア機能（心拍数や各種運動データ）は、今後のわたしたちの生活に大きく関係してくる機能として注目されています。

通話機能	電話番号をタップすることで通話ができる
高精細カメラ	クレジットカードを写真撮影することで認証ができる
GPS	現在の居場所を検知し、近くの店舗までナビゲートする
センサー	端末が傾いていることを検知し、傾きを直すようアラートを出す
ヘルスケア	運動量が基準を満たしていない場合、運動するようアラートを出す

表3 モバイル独自機能と活用例

これらの機能は、モバイル独自のアプローチの代表例ではありますが、これらの機能のうち一部はデスクトップサイトでも利用が可能です。カメラつきのノートPCでは写真や動画撮影ができますし、オンライン会議システムなどではビデオチャットをすることも可能です。

たとえば、クレジットカード番号の入力を手間だと感じたことはないでしょうか。金融系サービスのモバイルサイトでは、クレジットカードを写真撮影するだけで認証作業ができるよう自動化しています。またメモアプリやQRコードリーダーでも、カメラで紙やコードを撮影するだけで自動的に紙のサイズを検知したりQRコードを読み取ったりすることができます。

クレジットカードをスマートフォンのカメラで撮影し、認証する

クレジットカード

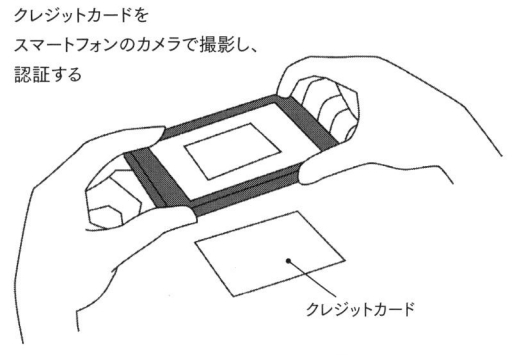

図10 カメラを活用したモバイル独自のアプローチの例

また、GPS機能を使うことで自分の現在地を特定し、目的地までの道順を探すことも可能です。このように、モバイルデバイスを使うことにより、キーボードやマウスを操作する代わりに、さまざまな方法で操作することが可能です。これらをうまく活用することで、モバイル環境におけるユーザー体験をより豊かにすることにつながります。

ヒント

モバイル独自の機能には、電話・音声・カメラ・地図・ヘルスケアなどが含まれます。既存のサービスを見直し、これらで自動化できることや簡略化できることなど、連携の可能性を見つけることもモバイルデザインのヒントになります。

進め方のイメージ

モバイルデバイスの独自機能を活用することで、ユーザー行動を簡略化することが可能です。たとえば場所（エリア）により申し込み条件が異なる場合、その場所を特定するためにGPS機能を使うことが可能です。「場所の検索」から「場所の選択・決定」をするまでの行為を自動化することで、より早い段階で独自情報を提供することが可能です。

場所の検索・選択が必要な場合 … 場所独自の情報を見るために、場所を検索し選択しなければならない

1. 不動産　2. 場所の検索　3. 場所の選択　4. 独自情報　5. 申込み

場所の検索・選択がない場合 … アクセスした段階で場所の検知をすることで、場所独自の情報提供が可能

1. 不動産　スキップ　2. 独自情報　3. 申込み

図11 場所を検知することで検索を簡略化

Chapter 2 モバイルのUXデザイン

Q よくある課題
モバイルサイトと
アプリの境目がわからない

A 解決方法
別々にとらえるのではなく、
ハイブリッド型で
考えてみましょう

前提

モバイルサイトは、ブラウザ上で動作するHTML文書やプログラミング言語で構成されますが、アプリはデバイス上で実行できる専用のアプリケーションを指します。そのため、モバイルサイトとアプリの使い分けの是非がたびたび議論されます。速度によるパフォーマンスの違いやどのように利用できるかが大きな違いと言えるでしょう。

たとえば、モバイルサイトは検索エンジンで検索すれば直接ページにアクセスすることが可能ですが、アプリは専用のマーケットプレイスからインストールして、はじめて利用が可能になります。そうした特徴を理解することは、両者のメディアとしての役割の理解に大きく関係します。たとえば、天気やニュースなどは検索するよりも配信されてくるほうが情報は得やすいですし、駅の検索なども場所を検知することでスムーズなナビゲートを可能にしてくれます。

図12 アプリから開始したサービスの例

種類	アクセス方法	主な対象	特性
モバイルサイト	検索エンジンから検索可能	一般顧客向け	オープン
アプリ	マーケットプレイスからインストール	既存顧客向け	クローズド

表4 モバイルサイトとアプリの特徴

このように、検索して探すことに特化しているモバイルサイトと、繰り返し情報を得ることに特化するアプリとでは使う目的が異なるため、対象ユーザーも異なります。

一方で、開発視点で見た場合にはどのような違いがあるでしょうか。モバイルサイトの技術に使われている開発言語にはHTMLやCSS、JavaScriptなどがありますが、アプリの技術に使われているのはObjective-CやJavaが中心となっています。見た目を同じにしたとしても、開発言語が異なるため必要なスキルや人材は異なります。

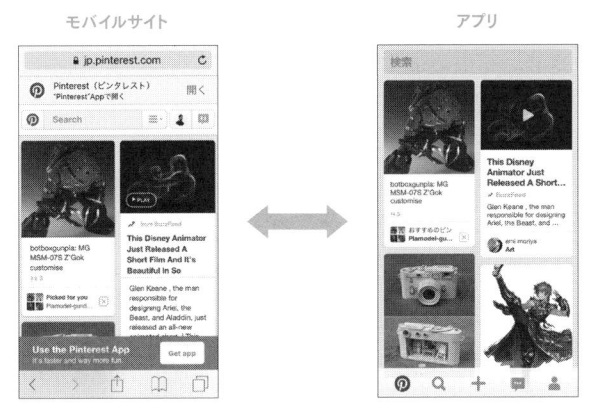

図13 見た目が似ているが使われている技術は異なる（Pinterest）

ヒント

潜在顧客や新規顧客がきっかけがないのにアプリをインストールするとは考えにくいため、まずモバイルサイトで知ってもらい、アプリをインストールしてもらうといった流れが望ましいでしょう。反対に、既存顧客にはパーソナライズされた情報を配信しやすいよう、アプリを介してコンテンツを配信することが適しています。アプリは顧客の囲い込みの施策での活用が有効と考えられます。

進め方のイメージ

ビジネスの目的が新規顧客を増やしたい場合、いくらアプリを開発したとしても知ってもらう機会を作らなければインストールされません。「誰に」「何を」「どのように」提供するのがいいのか、モバイルサイトとアプリの特性をきちんと踏まえたうえで、プラットフォームを選ぶ必要があります。

Column 〉 クロスチャネルにおけるデザイン

クロスチャネルでは、マルチチャネルと違って、1つのチャネルでユーザーの目的が必ずしも完了しないことがあります。「続きはWebで」に代表される、チャネル特性をふまえた別のチャネルへの連携などが代表例です。これにより、認知にはマスメディアを活用し、じっくり比較をする場合にはWebサイトを活用するといった流れが増えてきました。

オムニチャネルへ

小売業においてはスマートフォンやSNSの普及に合わせた、「オムニチャネル」という言葉も使われはじめてきました。クロスチャネルでは対応しきれいない、シームレスな顧客体験を目指す取り組みです。

小売業界でこれまで言われてきた「4P」に重きを置く考え方から、「5C」に重きを置く傾向になっています。「4P」とは、商品（Product）／価格（Price）／場所（Place）／訴求（Promotion）を指します。「5C」とは、コンテンツ（Content）／コミュニティ（Community／コマース（Commerce）／背景（Context）に加えて、4つの「C」の重なった部分に「顧客（Customer)」を置く考え方です。

この顧客を中心にサービスを提供する取り組みを「オムニチャネル戦略」と呼びます。1人1台のスマートフォンやソーシャルネットワークなどで顧客接点が拡大していくことで、より多くの接点を顧客と持つことが可能になりました。今後はそうしたネットを使ったサービスと実店舗を連携して共通の顧客基盤を持つことで、顧客の生涯価値（Life Time Value）を最大化するという発想が求められます。

チャネルタイプ	シングルチャネル	マルチチャネル	クロスチャネル	オムニチャネル
購買利用者	単一接点 購買可能	複数接点 個別に購買可能	複数接点 クロスで購買可能	すべての接点 シームレスに購買可能
販売提供者	単一の販売チャネル	複数の販売チャネル チャネルで個別提供	複数の販売チャネル チャネル横断の 商品管理	複数の販売チャネル チャネル横断の商品・ 顧客管理

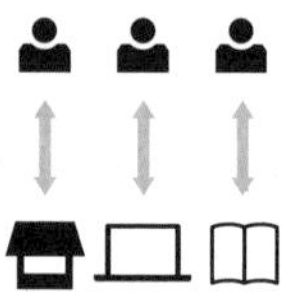

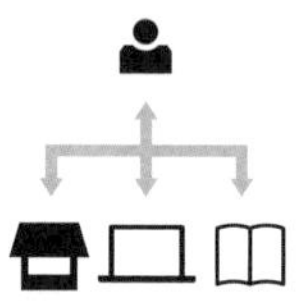

図1 チャネルタイプの変遷

> Chapter

3

モバイルにおける
情報アーキテクチャ

モバイル環境下での体験を設計していくためには、モバイル独自のデザインパターンを理解する必要があります。特に、多種多様な利用状況の変化に合わせて小さい画面でできることとは、PCのそれとは異なります。デザインパターンについて、情報アーキテクチャの観点でみていくことで、モバイルデバイスに適したデザインのヒントになります。

3-1　モバイルのIAパターン
3-2　階層型
3-3　ハブ＆スポーク型
3-4　マトリョーシカ型
3-5　タブビュー型
3-6　弁当箱型
3-7　フィルタビュー型
3-8　複雑なナビゲーションパターン
3-9　Practice：デザインパターンを活用するには？

コラム　愛着を深めるマイクロインタラクション

> Chapter

3-1 モバイルIAのパターン

モバイルにおける情報アーキテクチャ（IA）のデザインパターンには、デバイス間の関係性からコンテンツに関するパターン、そして主にナビゲーションやレイアウトに関するデザインパターンがあります。

デバイスエコシステムにおける6パターン

モバイルにおける体験をつくり出すデザインとはマルチデバイス対応を前提にしたデザインと言い換えることができます。それぞれのデバイスごとへの対応もそうですが、さまざまなデバイス間の行き来を想定してデザインに取り組むことが必要になります。スマートフォンの登場によりデバイスエコシステム 参考1 は進化し、さまざまな状況への対応が求められるようになりました。そうしたさまざまなデバイス間の関係性について、次の6パターンに整理することができます。

パターン1 一貫性の保持
どのデバイスでも同一の体験ができること

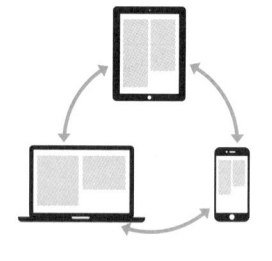

パターン2 状態の同期
どのデバイスでも同じ状態になるよう、コンテンツを同期すること

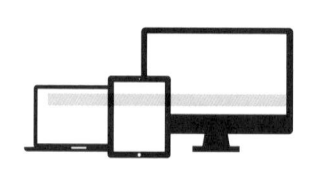

パターン3 画面共有
どのデバイスでも同一のコンテンツを画面上で共有すること

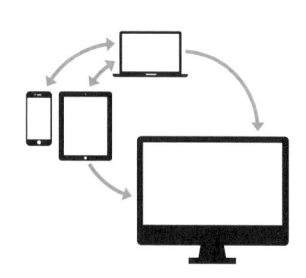

パターン4 デバイス間の移動
あらゆる利用体験を別のデバイスに移動すること

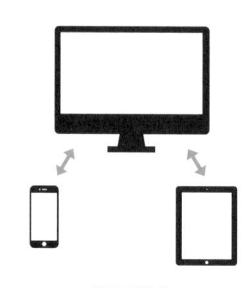

パターン5 相互補完
各デバイスが特定の役割を担い、それぞれの役割を補うこと

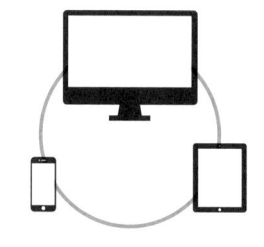

パターン6 同時発生
デバイス別に同時発生する状況を、つながった体験にすること

図1 デバイスエコシステムにおける6パターン

参考1　デバイスエコシステム　モバイルを利用するユーザーにとって、エコシステムの中にあるさまざまなデバイス（PCやスマートフォンやタブレットなど）の相互作用と関係性を示したもの。

これらの関係性を踏まえて、よりよいモバイル体験をつくりだすためにはクロスチャネル（チャネル横断）を前提にしたデザインが求められます。

クロスチャネルとは

クロスチャネルとはさまざまなチャネル（本書では、マス広告や店舗、電話などのオフラインでの接点も含む）を通した体験を指します。マルチチャネルと異なるのは、体験が1ヶ所（1チャネル）で完結するかどうかです。デバイスエコシステムにおける関係性とは、これらチャネル単位での体験をデバイス単位での体験に置き換えて計画することになります。

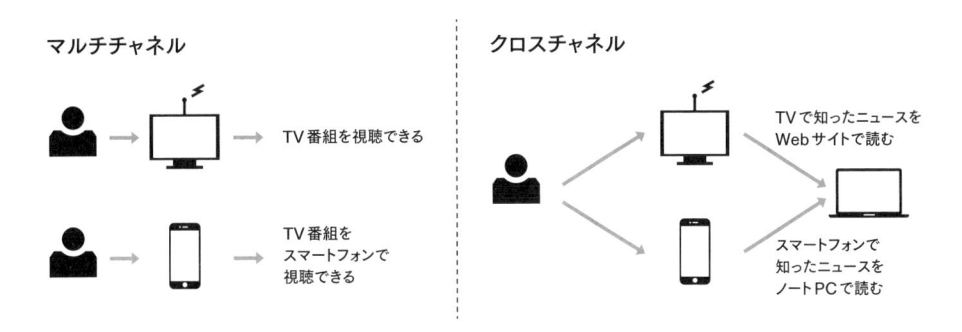

図2　マルチチャネルとクロスチャネル
前者は、チャネルごとに完結する体験（テレビで番組をスマートフォンで視聴するなど）。後者は、チャネルを横断して完結する体験（テレビで知った情報をWebで深堀りするなど）

たとえば、テレビCMで「続きはWebで」というメッセージがありましたが、テレビからWebへと興味関心をシフトする流れはこのクロスチャネルの計画になります。また、Webで「詳細はお電話でお問い合わせください」と電話番号を掲載するのもクロスチャネルの一環だと言えます。

クロスチャネルにおけるデザイン戦略

書籍「Web情報アーキテクチャ」の著者Peter Morville氏が、クロスチャネルのデザイン戦略について、キーワードをダイアグラム化したのが右の図です。このダイアグラムは、連関・チャネルの構成・連続性・コンテスト・一貫性・利害の衝突という6つのキーワードで構成されています。それぞれに関係してくる各要素間の関係性と、全体で美しいカタチ（この場合は結晶）を形成する、といったわかりやすい表現で視覚化されています。
企業におけるブランド管理の視点では「一貫

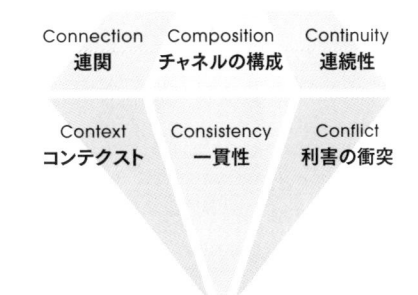

図3　クロスチャネルの結晶（Cross Channel Strategy）

性」が注目されがちですが、どのように接するのかといった背景であるコンテクストの計画から考えると、チャネル間での体験のつながりを計画する「連続性」は、まさにユーザーとの接点を計画するジャーニーマップとも通じる考え方です。

コンテンツにおける 6 つのパターン

モバイルにおけるコンテンツパターンには、主に構造に関するパターンと表示方法に関するパターンとがあります。それぞれの特徴を簡潔にまとめたのが次の図です。これらのパターンを理解することで、どのようにコンテンツを提示するべきか、どのように利用してもらうかの方針を立てることに役立ちます。

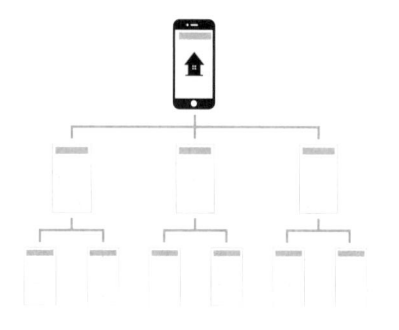

階層型
インデックスページとサブページといった親子関係を持つピラミッド構造

ハブ＆スポーク型
中央があり、そこから離れタスクを実行し、また中央に戻る構造

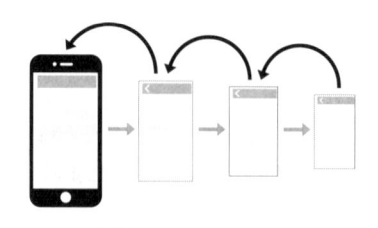

マトリョーシカ型
直接的にユーザーの目的を誘導する方法、入れ子関係の構造

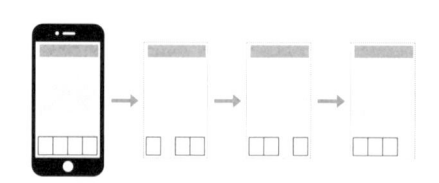

タブビュー型
同一レベル（階層）のコンテンツを並列に表示する構造

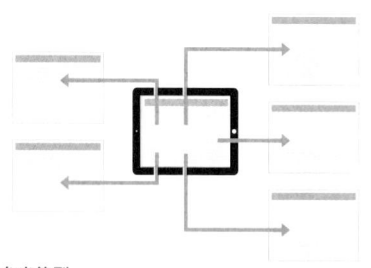

弁当箱型
関連するコンテンツを一箇所にまとめて表示する構造

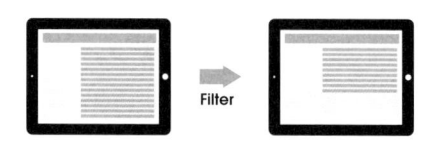

フィルタビュー型
同一データを複数の表示方法に切り替えて表示する構造

図4 コンテンツにおける 6 つのパターン

デバイスの向きと変化するレイアウト

マルチデバイスに加えてマルチスクリーンという言葉があります。何千という数のデバイスごとにスクリーンサイズが異なるため、設計段階でどの画面サイズに対応すべきか計画を立てる必要があります。なお、デスクトップサイトのデザインにはなかった「デバイスの向き」について理解しておく必要があります。

縦向きか横向きか、通常どちらの向きを基準にデザインするのか、またそのデザインが異なる向きになった際にどのようなデザインになるのか、これらについてAndroid開発者向けサイトにあるマルチペインにおける5つのレイアウトパターン（Multi-pane Layouts）参考2 を紹介します。

1. 複数ビューの組み合わせ型	画面の向きにより、複数のビューを組み合わせて表示します
2. ストレッチ／圧縮型	画面の向きでコンテンツ内容は変えず、余白の調整で対応します
3. スタック型	画面の向きにより縦横比が変わるため、そのサイズに合わせて並び替えます
4. 展開／折りたたみ型	画面の向きにより特定コンテンツを折りたたみ非表示にします
5. 表示／非表示型	画面の向きにより表示しきれなかったコンテンツを非表示にします

表1 マルチペインにおける5つのレイアウトパターン（Multi-pane Layouts）

このように、モバイルデザインにおけるパターンには、エコシステムにおけるデバイス間の関係性と、コンテンツ構造、そして表示方法などに分解して理解することができます。

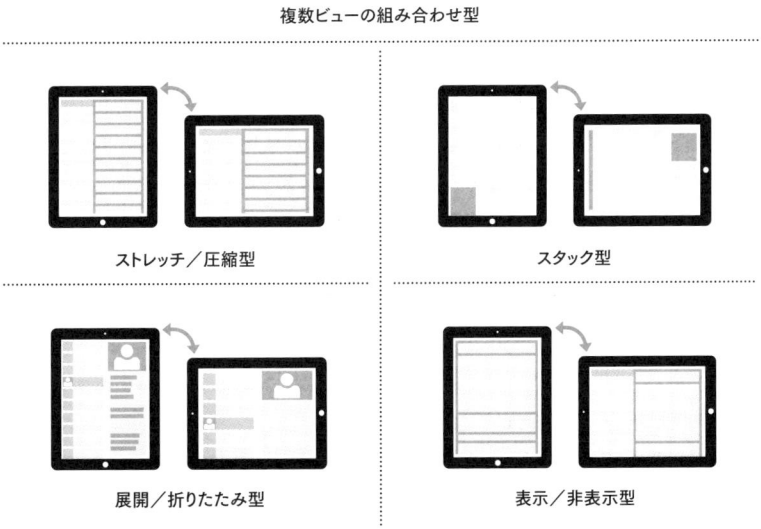

図5 デバイスの向きによる変化

参考2 Multi-pane Layouts　https://stuff.mit.edu/afs/sipb/project/android/docs/design/patterns/multi-pane-layouts.html

> Chapter

3-2 階層型

情報の組織化の典型パターンとして、階層型の構造があります。モバイルにおけるデザインでは階層を深くしないなどのデザインが求められます。このパターンは、目的に合わせたコンテンツ構造とナビゲーションの機能とをうまく活用して提供するものです。

階層型とは

情報の組織化とは、分類し構造化することから始まります。したがって、モバイルにおけるコンテンツ構造のほとんどがこの構造を持ちます。いずれも親分類とその子分類とで構成された親子関係を持つ構造を指します。

ピラミッド型もコンテンツ構造においてどちらも親子関係を持つ点では違いはありませんが、ナビゲーションの機能で見た場合に、子コンテンツ間の関係性に違いがあります。

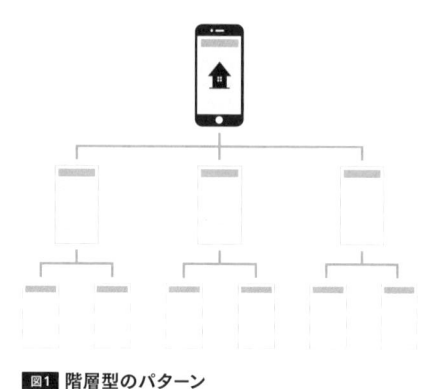

図1 階層型のパターン
インデックスページとサブページといった親子関係を持つピラミッド構造を指す

階層型の場合、子コンテンツ（同じ階層）間の行き来は原則想定していませんが、ピラミッド型の場合には、子コンテンツ間の行き来を想定しています。したがって、子コンテンツの行き来には「前へ」「次へ」といったナビゲーションが設置され、自由に行き来ができます。

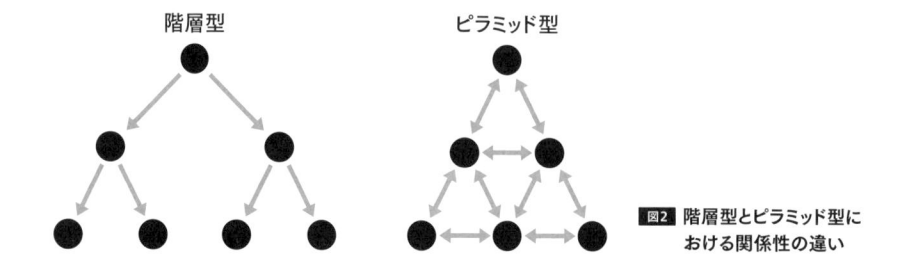

図2 階層型とピラミッド型における関係性の違い

子コンテンツ間の行き来ができないパターンには、ハブ&スポーク型もあります。この場合もスポーク単位（タスク単位で）の行き来ができないことを指します。したがって、子コンテンツ間の行き来が必要な場合とは、子コンテンツの種類が1つに特定されるタスクではなく、一連の流れで必要とするものや同列の種類を探す際などに有効と考えることができます。

階層型の特徴

モバイルにおけるコンテンツ構造を指す場合、ほとんどは階層型パターンと言うことができます。親コンテンツと子コンテンツといった関係性は、標準的な情報構造と言えます。ただし、この構造だけで考えてしまうことは制約につながります。これから取り組むコンテンツ構造の設計には、このパターンのほかに、どのようなパターンが組み合わせることができるのかを検討する必要があります。

階層型の良い点
- （デスクトップサイトがあれば）既存の構造に当てはめ、そのまま従うことができること
- 大量の情報群を、情報構造としてひとまとめにすることができること

階層型の課題
- ナビゲーション構造が増えること（文字量・数ともに）
- 小さな画面にも関わらず、行き来する際にステップが多くなること

モバイルデザインにおいては、画面の小ささから、多面的なナビゲーション構造は、使いづらいことの原因にもなります。目的の情報にたどり着けないなどの問題にならないためには、階層を深くしないようにし、ナビゲーションやステップを短くすることが大切です。

このパターンの用途

階層型パターンを実現するためには、親はどれで子はどれかといった関係性を明示するナビゲーションが重要です。とくに、ピラミッド型パターンのように子コンテンツどうしの行き来が含まれる場合には「前へ」「次へ」のほかに「上へ」といった親コンテンツを示すナビゲーションが必要になります。

これらのパターンが使われる用途として、編集コンテンツやニュース記事の分類や、さまざまな検索に対応する製品分類など、大量のコンテンツを利用する際に有効です。また、ピラミッド型の用途には、関連のあるコンテンツ群を横並びに探すことのできるFAQやチュートリアルなどが該当します。

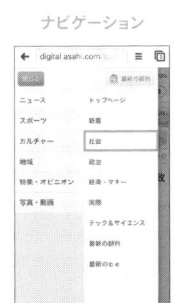

図3 編集コンテンツやニュース記事

図4 FAQやチュートリアル

関連するUIパターン

階層型パターンは、目的に合わせたナビゲーション設計がもっとも重要です。したがって、関連するUIパターンのほとんどはナビゲーションパターンと言っても過言ではありません。一般的な情報構造であるため、この構造に関連するUIパターンはもっとも多く存在します。

リストメニュー	モバイルサイトやアプリの入口としてリスト形式で表示するパターン
メガメニュー	大きなメニューを独自の分類でオーバーレイで表示するパターン
展開メニュー	コンテンツの一部を表示・非表示など操作ができるパターン

表1 階層型に関連するUIパターン

リストメニュー

コンテンツの一覧を表示するUIパターンです。サイト全体やカテゴリ全体を把握するためのメニュー表示のほかに、カスタマイズされたメニュー（おすすめや履歴）などさまざまなバリエーションがあります。画面上部のアイコンから素早くアクセスできるようにするなどの仕組みが多くあります。

図6の実装例では、リストメニューの中に一行のテキストと同じように（詳細情報にあたる）サムネイルや概要まで表示しています。リストメニューの課題は、中に何が含まれているのかがわかりにくい点にありますが、内容をリストメニューと合わせて表示して解決しています。

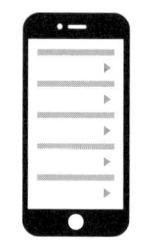

図5 リストメニューのパターン

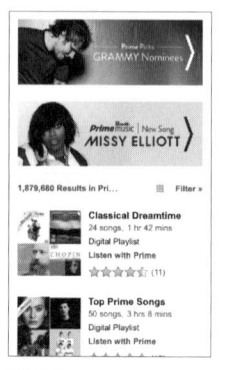

図6 Amazon.com: Digital Music.

メガメニュー

大きなメニューをパネル形式で表示するパターンです。メニュー項目は、独自の分類や計画された順番で表示しします。これはデスクトップサイトでも見られるパターンです。

余計なナビゲーションを排除し、スムーズなナビゲーションを実現するためには、あらかじめコンテンツ構造の全体を把握したうえで、主カテゴリ数などと合わせて検討する必要があります。

図7 メガメニューのパターン

図8 サンリオ
©04,14SANRIO

図8の実装例では、メニュー表示をダッシュボードのようにアイコンを並べて掲載しています。メガメニューのほとんどはオーバーレイで表示しますが、情報を覆い隠すのではなくメニュー位置を挿入することにより、メニュー表示前のコンテンツにもアクセスを可能にしています。

展開メニュー

特定のコンテンツを表示・非表示にするパターンです。画面サイズの制約を解決し、ドリルダウン 参考1 する際の手間を画面遷移から解放することができます。必要なときに必要な情報を見ることができる一方で、操作が重なると逆に手間にもなるため用途は限定する必要があります。

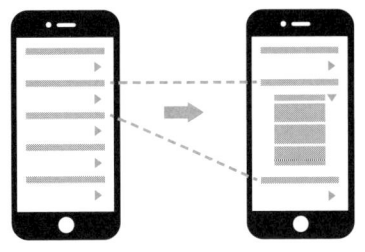

図9 展開メニューのパターン

図10の実装例では、「日程を見る」に該当する日程の選択画面を展開メニューで表示しています。展開メニューがないとこの日程情報が画面を専有してしまう課題がありますが、コンテンツを「申し込む」ために必要なアクションと合わせていることで、日程選択部分をスムーズな流れで解決しています。

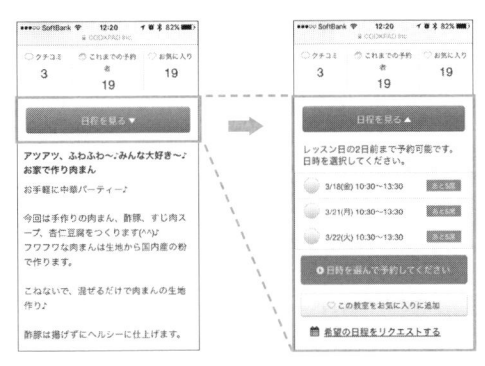

図10 クックパッド料理教室

このUIパターンの課題

階層型に関連するUIパターンは、主にサイト全体もしくはカテゴリ全体を把握するための構造をそのままリスト形式で表示したナビゲーションを含みます。したがって、モバイルサイトやアプリの入口で使われることはもちろん、特定のコンテンツ分類や選択肢としても使用される場合があります。

このUIパターンでは主に、全体像や選択肢を一覧できることが主目的になりますが、ナビゲーションの多さや選択肢の多さはかえって使用しづらい原因にもなります。どの範囲までを対象にすべきか、目的と使用用途を踏まえて検討する必要があります。

参考1. ドリルダウン　日本語で「掘り下げる」という意味。掘り下げる対象は、集計結果やデータ分析を指す一方、より詳細なデータを求めて、奥に入り込んでいくことを指す。

> Chapter

3-3 ハブ&スポーク型

手続きやそのステップにはスタート地点が存在します。起動画面やトップページが必ずそのスタート地点になるとは限らないため、特定のアクションが実行できる場所が必要です。このパターンは、そうしたメニュー表示とタスクを実行するためのメニュー体系を提供するものです。

ハブ&スポーク型とは

自転車の車輪や国際空港と同じように、ある箇所を基点「ハブ」にして、いくつか異なる箇所を結ぶ線を「スポーク」と呼びます。モバイル体験においても、ある情報を経由して別の情報を利用する際に使われます。

コンテンツの理解を進める場合において、必ずしも親子構造とは限らず、別の場所のコンテンツを都度参照する場合があります。階層型の構造とは異なる（独立した）組織体系をつくる場合や、単なるリンク集のようなコンテンツの集合体の場合もあります。いずれにしても、中央が存在し、そこから放射線状に関係性が広がる関係を持ちます。

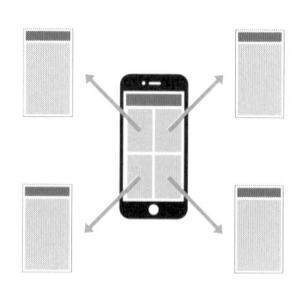

図1 ハブ&スポーク型のパターン
中央があり、そこから離れタスクを実行し、また中央に戻る構造を指す。他カテゴリや外部にリンク配下にコンテンツリンク

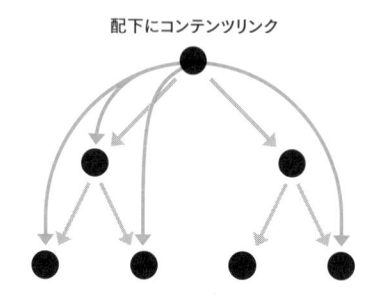

図2 パターン1（独立した組織体系）

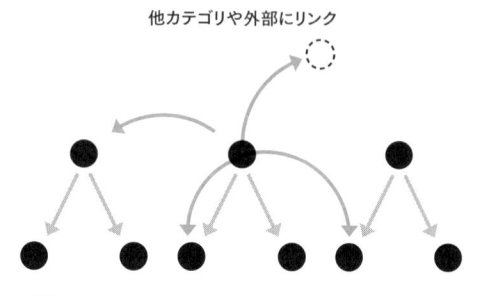

図3 パターン2（コンテンツの集合体）

したがって、これらのナビゲーションを用いる場合、親子構造と同様に、中央に「戻る」などのリンクが有効です。ただし、コンテンツの集合体のように行き先のコンテンツが別の組織（離れたコンテンツ）にある場合には、同じ「戻る」リンクのナビゲーションでも、「中央」に戻るためのナビゲーションと、1つ前に戻るためのナビゲーションとが混在することになります。行き先のコンテンツで「中央」に戻るリンクがない場合には、ハブ&スポーク型ではなく、単なるハブページ 参考1 と言えるでしょう。

参考1 **単なるハブページ** ハブとスポークを合わせてハブ&スポークの構造を示すが、中心のハブだけで放射線状のスポークがない状態を指す。

ハブ&スポーク型の特徴

モバイルに限らず、特定の目的をナビゲートするためのメニュー体系には必ず中央が存在します。スポーク間の行き来はできませんが、必ずハブであるホーム画面に戻ります。したがって、1つのタスクを実行する際には有効ですが、さまざまなタスクを同時に実行する際には連続性が求められません。

ハブ&スポーク型の良い点
- さまざまな機能をまとめて提供できること
- 階層を意識せずに独自メニューがつくりやすいこと

ハブ&スポーク型の課題
- マルチタスクで実行したい場合に、スポーク間の行き来がしにくいこと
- 戻るナビゲーションが機能しなければ離れてしまい、中央が機能しないこと

タブレット向けアプリでは画面サイズの大きさを利用して、さまざまなコンテンツを一度に表示する方法（タイル表示など）が多く見られます。異なるコンテンツを切り出してハブにしているケースもあります。

このパターンの用途

ハブ&スポーク型パターンを使用するには、単純な親子構造における親としてではなく、特定のメニュー体系を束ねるハブとなる基点のコンテンツが必要です。また、ハブを経由するコンテンツには、それぞれが直線型としてタスクを実行するプロセス（一連の流れ）を持っている必要があります。このハブ（基点）とスポーク（プロセス）とが合致した組織体系が必要です。

組織体系を持たないハブ（基点）としては、ある特定のテーマなどのポータルサイトなどが該当します。その場合には基点に戻るナビゲーションなどは持たず、行き先のコンテンツに関連する情報をナビゲーションとして配置して、また別のテーマに促すなどの工夫がされています。

図4 パターン1（独立した組織系）

図5 パターン2（コンテンツの集合体）

関連するUIパターン

ハブ＆スポーク型パターンは、異なるメニューを1つにまとめて構成することが求められます。したがって、関連する情報を同じように表現する方法も合わせて検討する必要があります。関連するUIパターンは、メニュー表示とナビゲーション機能とに分けることができます。

スプリングボード	サイトやアプリの起動直後に表示されるメニュー表示のパターン
ギャラリー	記事・写真などそれ自体がナビゲーションとして機能するパターン

表1 ハブ＆スポーク型に関連するUIパターン

スプリングボード

Webサイトやアプリなど、どのデバイス上でも同じように機能します。パターンは、起動やアクセス直後に表示されるメニュー表示のバリエーションになります。総合メニューのほかに、カスタマイズされたメニューを表示する場合やレイアウトが変更できるものもあります。

図7の実装例では、トップ画面に主要メニュー6つおよびその他6つのメニューをタイル表示で掲載しています。タイルは一貫したアイコンでデザインされ、統一されています。スプリングボードの課題は、言葉だけではなくアイコンなどの視覚表現で識別していることです。同じようなアイコンでは識別しづらく、かえって操作を迷わせる原因にもなります。実装例では画面上部にメニューを別途設けていることで、すぐに使う場合と探す場合とを分けています。

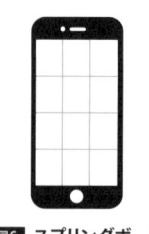

図6 スプリングボードのパターン

図7 TAKAO 599 MUSEUM

ギャラリー

ギャラリーは、扱っているコンテンツがすべてはじめから表示され、それらを通じてナビゲートされます。写真や記事、商品などのコンテンツが代表例です。また、個々の情報の表示形式としてタイル表示とリスト表示を切り替える例もあります。頻繁に更新されるようなコンテンツに有効ですが、個別の情報として識別しづらいもの

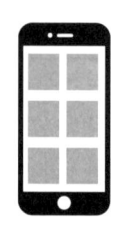

図8 ギャラリーのパターン

図9 NSSG-Branding, Design

には不向きです。コンテンツの種類を踏まえて採用を計画する必要があります。

図9の実装例では、写真に加えて記事のタイトルも合わせて表示しています。カテゴリーで分けたうえで、複数の写真と記事が並んでいることで識別しやすくなっています。このパターンの課題としては、個別の写真にする必要があり、同じような写真が並んでしまうと機能しなくなることです。下位階層でもナビゲーションやレコメンドを同じように表現することで、一貫したメニュー体系として提供することができます。

このUIパターンの課題

ハブ&スポーク型に関連するUIパターンは、主にWebサイトの入り口に使われるため、リスト形式と同じくタイル形式による表現のバリエーションと見られがちです。ただし、タイル表示にする際には、個々のコンテンツごとに言葉（ラベル）以外でも識別方法が提供されていないとメニュー体系が崩れてしまいます。そのため、アイコンや写真などを多く扱う場合には有効ですが、その反面コンテンツごとの特長をうまく表現し工夫する必要があります。

このUIパターンでは主に、アイコンや写真などでメニューを構成する際を想定していますが、タイポグラフィなどの文字による視覚表現でナビゲートする場合も同様です。このパターンの場合も、階層型パターンと同じく多くのメニューを提供する場合の表現には不向きで、特定のカテゴリーや範囲で効果的に使うことが求められます。

タイル表示とリスト表示

表示するコンテンツ（ページ）の量が多ければ、タイル表示にした際にもスクロールが必要となります。タイル表示の利点は一覧性を高めることですが、1つを選択するために必要な情報が多ければ多いほど、タイル表示ではなくリスト表示にする場合が多いです。

タイル表示をはじめに表示して、より細かい情報を必要とする場合にのみリスト表示に切り替えて表示することができます。検索結果ページなど膨大な情報を表示する際には、両方を切り替えて利用する場合が多いです。

図10 タイル表示とリスト表示（NTTドコモ arrowsNX F-02H）

> Chapter

3-4　マトリョーシカ型

情報をより深く理解するためには、抽象的な情報から具体的な情報に深掘りする必要があります。ただし、その順番も上から下への一方通行だけではなく、下から上と相互に行き来をしながら反復することも求められます。このパターンはその深掘りの仕方を提供するものです。

マトリョーシカ型とは

ロシアのマトリョーシカ人形と同じように、ある情報を見るために徐々に細かくしていくことからそう呼ばれます。画面の小さいモバイルデザインにおいても、抽象的な情報から具体的な情報までを深掘りする際に使われます。

リストメニューの繰り返しとして、iPhoneのメールアプリで採用されるこのパターンは、コンテンツ構造としての親子関係に加えて、徐々に情報を細かくしていく一連の流れも含まれます。

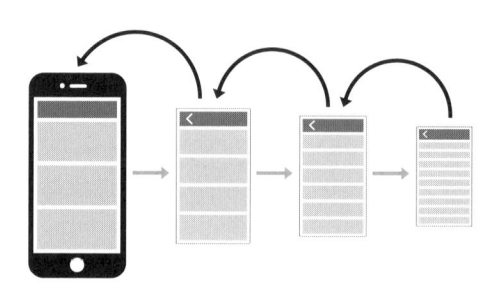

図1　マトリョーシカ型のパターン
直線的にユーザーの目的を誘導する方法、入れ子関係の構造を指す

とくに、アプリでは画面の動きも左から右へと移動していく動きも加わり、あたかも情報を実際に細分化していくような表現が含まれます。その場合、右に画面が移動すれば深堀りに、左に移動すれば上位階層へ移動しているように認識することができます。

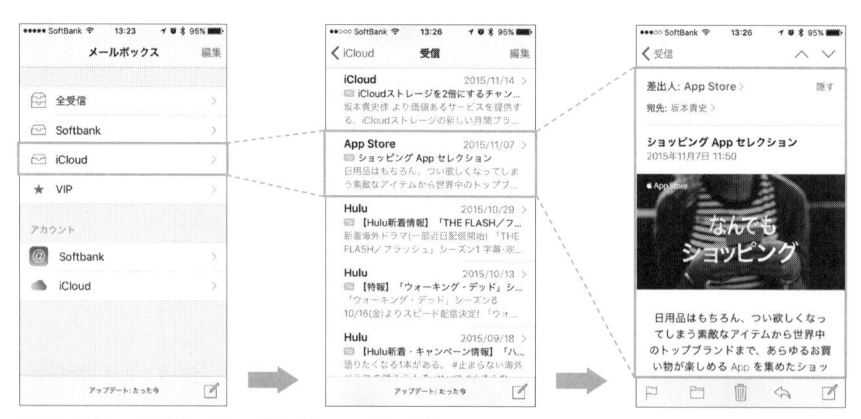

図2　マトリョーシカ型の画面の動き（ネイティブアプリ）

この動きにより、ユーザーは意図したコンテンツの深掘り（右に移動）と、意図しない場合の後戻り（左に移動）を簡単に操作し切り替えることができ、現在地における前後関係を強く意識することができます。Mac OS Xのファインダー操作でも、カラム表示で同じような体験をすることができます。

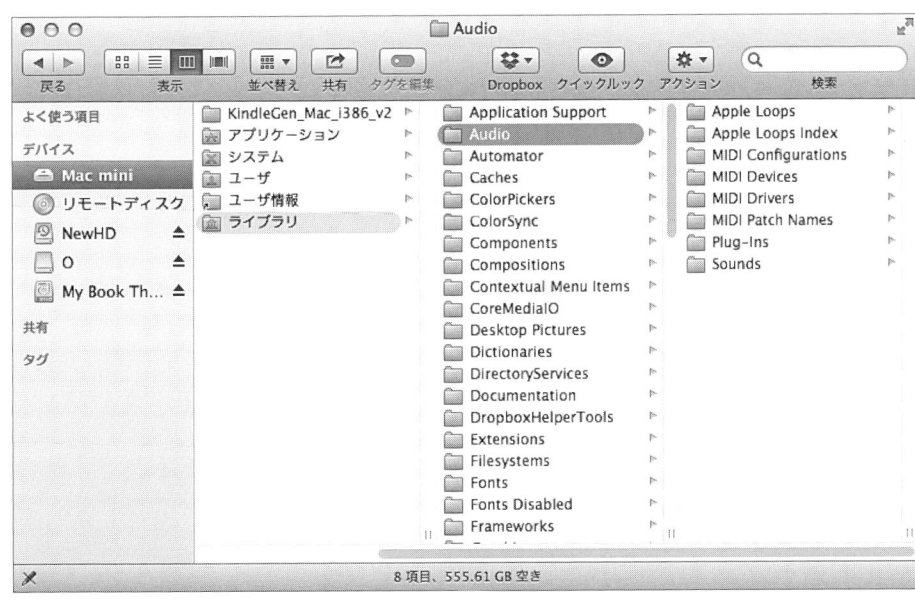

図3 Mac OS Xのファインダー（カラム表示）

マトリョーシカ型の特徴

入れ子になったこのパターンは、詳細な情報にユーザーを直線的に誘導しています。したがって、情報の末端にいる場合にもすぐに概観（上位階層）に戻ることができ、コンテンツ構造における現在地と前後関係とを強く意識することができます。

マトリョーシカ型の良い点
- 関連するトピックの深掘り（ドリルダウン）に使用することができる
- 階層型やハブ＆スポーク型と連携することができる

マトリョーシカ型の課題
- 階層型やハブ＆スポーク型と同様に、スポーク間の行き来ができないこと
- 選択項目を変更したい場合、深掘りした分やり直すステップが増えること

ただし、課題にあるように、同じような画面（リストメニュー）が繰り返し表示されると現在位置を認識しづらくなります。そのため、パンくずナビゲーションなどのようにどれだけ深掘りをしているのか、どのような経路をたどったか現在位置を把握できるようにする必要があります。

このパターンの用途

マトリョーシカ型パターンを使用する場合には、情報の深掘りをする親子関係を持つコンテンツ構造が必須です。ただし、階層が深くなりすぎると親階層にあたる分類自体の見直しも検討する必要があるため、複雑な構造を持つ大規模Webサイトなどには不向きです。

逆に、ある特定のカテゴリーやテーマにおいて階層の数が決まっているコンテンツ群には有効です。そのため、メールや特定分野の商品情報などでは、直線的な検索方法によりこのパターンが使用されています。

図4 コンテンツの検索方法例

関連するUIパターン

マトリョーシカ型パターンは、リストメニューが重なり詳細情報まで直線で結ぶメニュー体系です。そのため一方通行だけに留まらず逆方向にも進むことができます。関連するUIパターンには、リストメニューとその拡張版であるスプリットビューとがあります。入口には他パターンとの併用が考えられます。

リストメニュー	サイトやアプリの起動直後に表示されるメニュー表示のパターン
スプリットビュー	リストメニューに追加情報を同一画面内で表示するパターン

表1 マトリョーシカ型に関連するUIパターン

リストメニュー

一般的な情報構造をメニューとして表示するパターンです。このパターンの場合には、上位階層、中間階層とすべてリストメニューで構成され、最下位の表示にはその内容を表示する詳細画面を用意するものを指します。したがって、徐々に細分化されていることを示す工夫が必要となります。

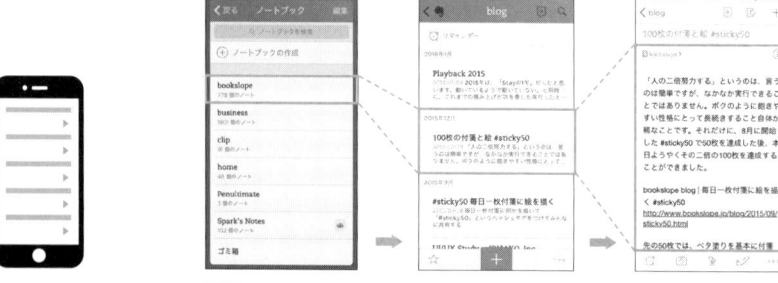

図5 リストメニューのパターン　　**図6** Evernoteのリストメニュー

図6の実装例では、特定のカテゴリー（上位階層）にリストメニューが使われ次の中間階

層の件数（何件含まれているか）を表示しています。メニューを選択後、中間階層のリストメニューには、下位階層の詳細情報を数行程度ですがプレビュー表示しています。このプレビューにより次に進まなくても目的の情報かどうかの判断をつきやすくしています。

また、最下位の詳細画面までのステップを逆戻りできるように戻るためのナビゲーションも常に表示されています。メールアプリと同様に、階層やステップがある程度決まった情報群の検索の場合には有効です。

スプリットビュー

スマートフォンなどでは画面サイズが小さいためリストメニューを繰り返し表示しますが、タブレットなどの画面サイズが比較的大きい場合には情報を並べて表示できます。

図7 スプリットビューのパターン　**図8** タブレット向けGmailアプリ

このパターンはマトリョーシカ型のリストメニューと詳細画面とを同一画面内に表示するものです。したがって、画面サイズが小さい場合と大きい場合の切り替えなどレスポンシブデザインの対応として使用される場合があります。

図8の実装例では、メールアプリのタブレット版においてリストメニュー表示と詳細画面とが同一画面内に表示された状態を表しています。リストメニューのプレビューも表示されていますが、選択すると詳細画面に遷移するのではなく、同一画面内に表示されます。余計なステップを増やさずに内容を確認することができるため、目的の情報を探すことがしやすくなります。また、画面サイズが大きい場合には、リストメニューだけを表示するよりも画面内を有効に使うことができます。

このUIパターンの課題

マトリョーシカ型に関連するUIパターンは、原則として情報の深掘りを表現するためリストメニューの表現が多くなりますが、一方で画面遷移方法やインタラクションにより操作している状態（深掘りや逆戻り）を認識しやすくすることが求められます。パンくずと同じように、iOSやWebアプリでは右向きの矢印で「進む」こと、左向きは「戻る」ということを視覚表現も合わせて表示する場合が多くあります。

このUIパターンでは主に、メールやタスク管理など一定のステップで物事を進める場合や、細分化の階層が一定の商品検索などに向いています。逆にステップや階層が揃っていないメニュー体系には向きません。そのような場合は、ハブ&スポーク型を利用するほうが適しているでしょう。

> Chapter

3-5 タブビュー型

同じような情報が並ぶ場合には、メニューとして並列にすることができます。一方で、特定の目的において優先順位で並べる場合があります。モバイルデザインでは、タブビュー型の採用は画面サイズの問題やアプリのガイドラインと合わせて検討する必要があります。

タブビュー型とは

情報をすべて把握するためには、概要をまず把握する必要があります。画面の小さいスマートフォンでは一度にすべてのメニューを表示することは難しいため、いくつかのメニューを分類して大分類をつくり、その大分類だけを表示します。

ユーザーが使う手順で考えた場合、タブに相当するラベル部分が先に表示され、コンテンツの中身はそのタブを選択したことで表示されます。そうすると親子関係を持つコンテンツ構造と見ることもできます。そのため、タブの位置についても上下にする場合のほかに左右にする場合もあります。

アプリの場合には、開発者向けガイドラインによりタブの位置についてもルールがあります（Chapter2-3を参照）。各OSによりツールバーの位置が異なるため、モバイルサイトで実装したタブの位置がそのまま移植されることが難しい場合があります。そのため、タブひとつをとってみても利用のされ方とアプリにおけるガイドラインを参考に検討する必要があります。

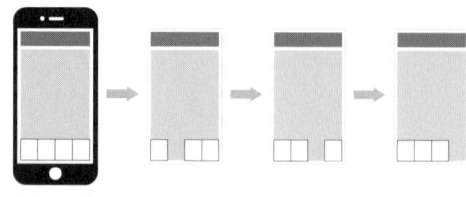

図1　タブビュー型のパターン
同一レベル（階層）のコンテンツを並列に表示する方法を指す

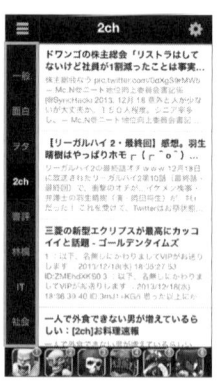

図2　タブビュー型の画面（左に配置された例）

モバイルサイト　　　アプリ

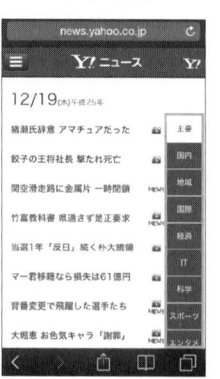

図3　タブビュー型の画面（タブ位置の違いの例）

タブビュー型の特徴

タブビュー型もまた階層型と同様に単純な親子関係のコンテンツ構造に適しています。よく使われるため、ユーザーにも使い方が浸透していると考えていいでしょう。メニューの表示方法としても使われるため、すぐにどのような情報があるのか把握することができます。

タブビュー型の良い点
- 同じような情報を並列に並べることができる
- マルチタスクを実行しやすい

タブビュー型の課題
- 画面サイズが制約となりタブの数が制限されること
- デバイス（OS）により配置場所が異なること

ただし、マトリョーシカ型の課題と同じく、同じような画面（リストメニュー）が繰り返し表示されると現在位置を認識しづらくなります。パンくずナビゲーションなどのようにどれだけ深掘りをしているのか、どのような経路をたどったか現在位置を把握できるようにする必要があります。

このパターンの用途

単純なコンテンツ構造を表示する場合には最上位階層を表示すれば済みますが、デザイン検討時においては目的に応じたコンテンツの優先順位をつけて分類する場合もあります。その場合には、優先順位に応じてタブの並び順を検討することや、数の制約がある場合には「その他」として枠外に配置してしまうこともあります。とくにネイティブアプリでは数の制約があるため、数に合わせた情報分類が求められます。

また、ニュース情報などでは、最初のタブにそれ以外のタブの総合まとめとして機能させる場合もあり、必ずしも並列の情報群が並んでいるとは限らない点があります。そういうことからも、コンテンツ構造と使い方の両方で検討をする必要があります。

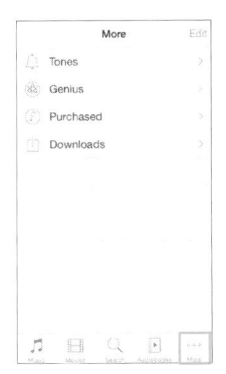

図4 タブ「その他」の例

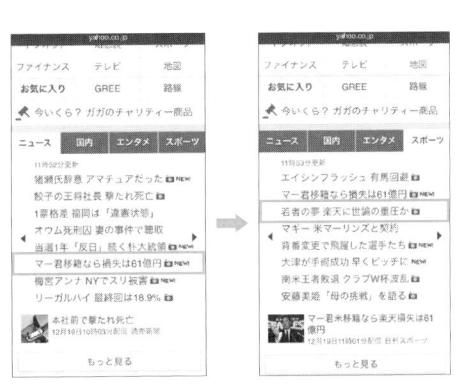

図5 ニュースサイトの例

関連するUIパターン

タブビュー型パターンは、ツールバーとしてモバイルサイトやアプリのメインメニューとして機能する場合があり、そのためツールバーとしても使われます。関連するUIパターンとして各OSによる展開例と、応用として画面スクロールを併用するタイトルスプリットを紹介します。

タブ	モバイルサイトやアプリのツールバーとしてはじめから表示するメニュー
タイトルストリップ	画面スクロールと併用して表示するメニュー

表1 タブビュー型に関連するUIパターン

タブ

ネイティブアプリの場合には、開発者向けガイドラインにより各社各OSごとにタブ（ツールバーとも呼ぶ）の位置についてのルールがあります。iOSの場合には画面下部に配置するよう決められていますが、Androidの場合には画面上部に配置するルールとなっています。したがって、モバイルサイトのデザインから移植する場合には、これらのルールに沿った形に再編集する必要があります。

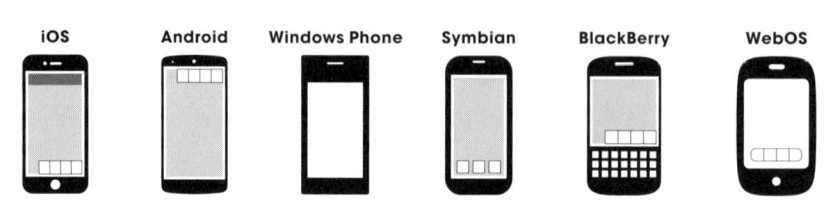

図6 各社OSによるタブのパターン

図7の実装例では、Pinterestの各OSによる展開例を表示しています。ガイドラインどおりiOSでは画面下部にツールバーが並びますが、Androidでは画面上部に並びます。また、同じメニューでもWindows Phoneではデザインが異なります。Androidに限っては、画面を横向きにした場合、アクションバーとタブが合体されシンプルなツールバーと変化します。

このように各社の提供するOS上のルールをもとに一貫したモバイル体験を提供する必要があります。

図7 iOS版Pinterestアプリ

スプリットビュー

タブビュー型の拡張版として、タブを選択することで切り替わるだけではなく、タブを選択するたびに該当するアイテムまで画面をスクロールするものがあります。この場合、タブごとにコンテンツが別々に存在するのではなく、1つのコンテンツの中から該当するセクションにジャンプする使われ方です。

図8 タイトルスプリットのパターン

図9 Sunriseのタイトルストリップ

上の実装例では、コンテンツは1つだけあり、リストメニューになっています。そのため、リスト内のどの位置にジャンプするのかをタブで表現しています。タブを選択することで1つのリストメニューを上下に移動させ該当のアイテムまで誘導します。

画面スクロールには、現在位置がわからなくなるなどの問題があります。この場合はタブがアンカーの役割をするため、その問題は解消できています。また、迅速なレスポンスを提供することで、単純なタブでの切り替えよりも利便性は優れているとも考えられます。

このUIパターンの課題

タブビュー型に関するUIパターンは、主にコンテンツ構造としてではなくメニュー表示のひとつとして利用します。コンテンツ構造をある意味無視しているようにも見えてしまうため、デザイン検討時には分類方法や優先順位のつけ方がより重要となります。

このUIパターンでは主に、メニューとしての表示について言及していますが、検索方法としてソートや並び替えにもタブは有効に使われます。デスクトップサイトでは一部のコンテンツでしかなかったタブの機能は、モバイルサイトではそれ自体がメインのツールとして使われることも考える必要があります。

> Chapter

3-6 弁当箱型

弁当箱のようにすべてを1つの箱に格納し一覧できる状態があります。とくに情報ポータルとしての役割を担う場合には、さまざまな情報を一箇所にまとめることが求められます。狭い面積の中に区分を設けて配置するため、何が重要でどのように使われるかを検討する必要があります。

弁当箱型とは

すべての情報を一覧にして見る場合には、リスト表示にする場合とタイル表示にする場合があります。弁当箱型とは、表示方法は問わずさまざまな情報を一箇所にまとめて表示します。画面の小さいスマートフォンよりタブレット向けなどによく使われます。

弁当箱型とはモバイルサイトやアプリの入口で使用される表示方法です。そのため、利用する際には目的の情報を一覧から選ぶことが可能です。アイコンなどのわかりやすい識別により親しみやすさを表現できます。画一的な一覧であればスプリングボード 参考1 のようなメニュー表示のバリエーションですが、個別のコンテンツの一部を切り出して構成するダッシュボードの場合には、管理メニューの側面が含まれます。

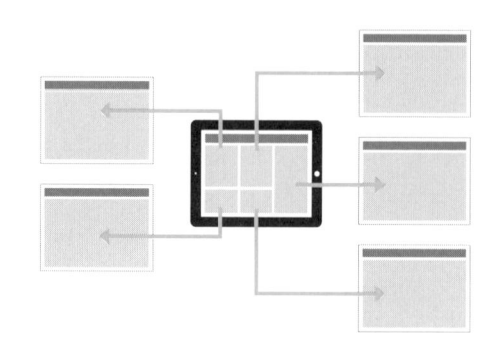

図1 弁当箱型のパターン

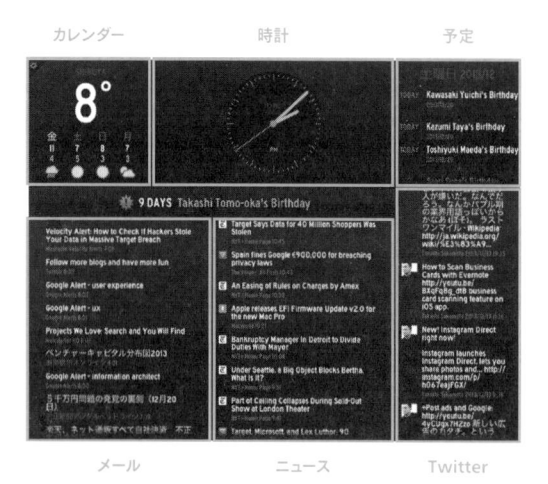

図2 コンテンツの切り出し例（カレンダー／時計／予定／メール／ニュース／Twitter）

図3 コンテンツの種類（レイアウト編集／コンテンツ編集）

参考1 スプリングボード　各メニューがアイコンとして同一画面内に配置されており、どんなメニューがあるか直感的にわかりやすく表現したUIのデザインパターン。

コンテンツを切り出し並べることで、1つのセクションには収まらない情報を、使われ方や目的に合わせて再構成することができます。その中には、レコメンドに相当する情報や、自分で配置場所のレイアウトを変更するなどのカスタマイズができるものもあります。

弁当箱型の特徴

弁当箱型は、関連するツールやコンテンツの一部を一箇所に表示するため、直接該当コンテンツに誘導することができます。反対に、情報量が増えると表示面積が限られるため、その表示方針は用途に合わせて検討する必要があります。

弁当箱型の良い点
- すべてを一覧にまとめるため重要な情報を把握できる
- 直接さまざまなコンテンツに誘導することができる

弁当箱型の課題
- 画面サイズが制約となるためタブレットに適している
- メニューを変更する際にホームに戻る必要がある

とくに、画面の向きにより表示される面積が異なるため、コンテンツの切り出しをする場合にも画面の向きを想定して計画する必要があります。たとえば、グラフのようなものを表示する場合に、横向きには表示できるが縦向きでは表示しないなどの方針も重要です。

このパターンの用途

弁当箱型を使用するには、特定テーマのコンテンツを一箇所に集約する必要があります。集約には、表示に関することとコンテンツ構造とがあります。この場合のコンテンツ構造とはプロセスにつなげるのではなく、同一画面内にコンテンツを切り出して表示することを指します。したがって、タスクの実行をするためのメニュー体系の集約というより、表示の一元管理としての側面のほうが有効です。

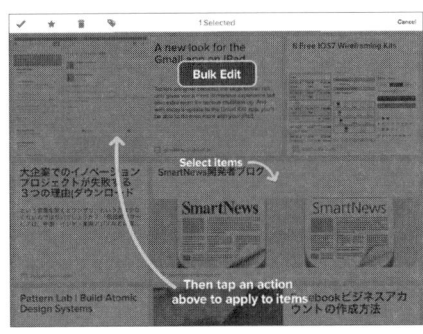

図4 弁当箱の例

とくに、表示するコンテンツの種類やレイアウトを自分で編集できる場合には、編集画面（機能）も兼ねることになるため、操作面積は広いほうがよいと言えます。また、ダッシュボードのように、指標（数値）を扱う場合には、グラフなどの視覚表現を多く持つため表示要素には優先順位をつけて配置します。

関連するUIパターン

弁当箱型パターンは、さまざまな情報をまとめて一箇所で表示するため、その分スペースが必要になります。スペースを効果的に使用するためにはコンテンツの切り出し方や表示方法を検討する必要があります。関連するUIパターンとしては、ダッシュボードやメタファによる表示方法が該当します。

ダッシュボード	コンテンツの機能や数値情報などを管理する表示パターン
メタファ	最初に表示されるものが何らかのメタファで世界観を構成するパターン

表1 弁当箱型に関連するUIパターン

ダッシュボード

ダッシュボードには、単なるタイル表示によるメニューの場合(ここではスプリングボード)と、数値情報などの視覚表現を構成に組み込む場合とに分かれます。主に円グラフや折れ線グラフなどを使って、目標値に対する状況を表示するのですが、これは分析ツールや財務などの管理ツールなどに多く見られます。

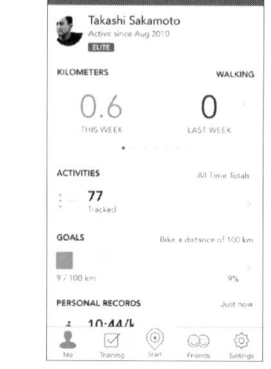

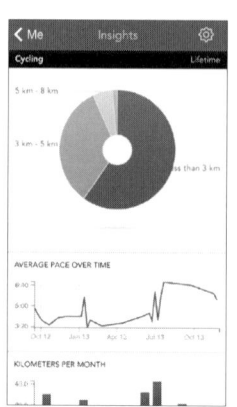

図5 ダッシュボードのパターン　図6 Runkeeper

図6の実装例では、Runkeeper 参考2 のダッシュボードアプリを表示しています。このアプリでは自分のブログのフィードやソーシャルネットワーク上のアクティビティを読み込んで自動的に表示しています。さまざまな情報を一元的に管理でき、常に変化するそれらの情報を視覚的に表現されています。もちろんそれぞれのコンテンツ（ブロック）の種類は自分で変更ができ、配置する順番やレイアウトもカスタマイズすることができます。こうした管理ツールとして使うことで、必要な情報をひと目で把握できるようになります。

参考2　Runkeeper　FitnessKeeperが開発したアプリ。走った記録をはじめ、血圧、コレステロール値、食事、排出量、肥満度指数などのデータを一元管理できる。iOS/Android用。http://runkeeper.com/

メタファ

主にゲームのインターフェースなどでこうしたメタファを利用したメニュー表示がありますが、単なる一覧やタイル表示ではなく、現実世界（リアル）の表現を真似て表示するパターンです。商品の陳列棚やカタログ、デスクスペースなどの表現に使われます。

図7 メタファのパターン

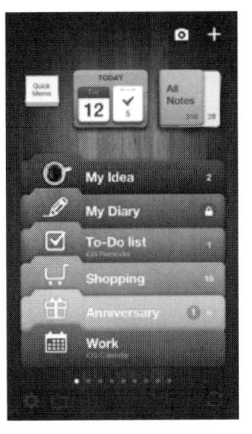

図8 Awesome Note

図8の実装例では、このアプリの使用目的でもあるさまざまなタスクや管理に必要なツール類を、リアルのデスクスペースに置いたように表現しています。本はめくるもの、フォルダは開くものといった現実世界の表現を持ち込むことで、アプリでのルールを新たに覚える必要はありません。一方で、GoogleやiOS 7などに使われているフラットデザインとは対極に位置づけられる表現手法です。

このUIパターンの課題

弁当箱型に関連するUIパターンは、何かのタスクを実行するために操作をするよりも、結果として表示される情報を一覧で見れるようにすること（一望できること）に注意が向けられているケースのほうが多いです。したがって、より細かく情報を表示するよりもパッと見るだけで全体が把握できる工夫が求められ、より細かく情報を表示するのには向きません。

ダッシュボードなど代表的なUIパターンでは分析結果などを表示することもあり、全体の傾向をひと目で把握できるようにする工夫が必要になります。また、メタファとして現実世界を真似て表現する際にもメニューとしての機能を踏まえて一覧性やひと目で判断しやすい工夫が求められます。

このように、このUIパターンはコンテンツの切り出し方とその組み合わせで内容が把握できる必要があるため、構成されるコンテンツの関連性や効果的な配置方法について、目的を邪魔しないように構成していく必要があります。

> Chapter

3-7 フィルタビュー型

情報をフィルタリングするには、さまざまな方法があります。画面を移動するようなステップを必要とする場合やステップを必要としない場合など、コンテンツの量や検索するステップなどに合わせたコンテンツの表示方法が求められます。

フィルタビュー型とは

情報を一度にすべて表示することが難しいのと同様に、必要な情報だけを見つけ出すことも情報量に比例して難しくなります。情報量の多いコンテンツから目的の情報を取り出すためには、さまざまな表示方法に切り替えて、目的の情報を見つけやすくします。

同一データをさまざまな角度から検索することをファセット検索 参考1 と呼びます。主に、商品情報を検索するECサイトなどで使われている方法ですが、検索方法とフィルタビュー型の表示方法とを組み合わせることで、さまざまな検索の仕方を提供することができます。

コンテンツ量の多い不動産情報や中古車情報など、複雑になりがちな検索方法には、ファセット検索とフィルタリングの組み合わせます。そうすることで、一方通行のドリルダウンではなく、スムーズな検索を実現できます。それらの検索結果を保存したり、自分だけの検索条件をカスタマイズできるものもあります。

図1 フィルタビュー型のパターン
同一データを複数えの表示方法により切り替えて表示する方法を指す

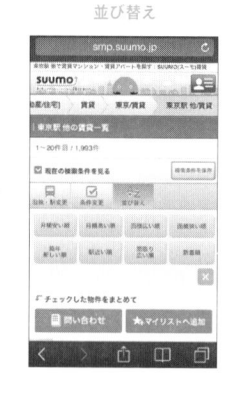

図2 ファセット検索の例

参考1 ファセット検索 ECサイトなどで、さまざまな切り口（ファセット）でサイト内検索をしたりコンテンツを選んだりできる仕組みのこと。「ファセットナビゲーション」「ファセット検索」などとも呼ばれる。

フィルタビュー型の特徴

ユーザーが目的の情報を探索する時には、別の表示方法を選択することで同一データをさまざまな角度から見ることができます。また、フィルタリングだけではなく、多面的なファセット検索を使用するなどすれば、目的に合った方法でコンテンツを探索できるようになります。

フィルタビュー型の良い点
- 音楽やビデオ、記事や画像など大量のコンテンツを多面的に扱うことができる
- 目的にあった表示方法から利用者が選択することができる

フィルタビュー型の課題
- フィルタオプションが多いと小さな画面では操作しづらくなる
- 目的にあった表示方法から利用者が選択することができる

フィルタオプションを同一画面ではなく、別の表示（モーダルウィンドウ含む）にする場合には、フィルタリングを実行したことや、それまでの表示への復帰について配慮する必要があります。また、モバイルの小さな画面内にいくつも表示領域を設けることは、かえって目的の情報を見つけにくくする場合があります。

このパターンの用途

大量のコンテンツを保有するアプリやモバイルサイトでは、検索の仕方としてこのパターンはあらゆるところで使われています。

とくに、iPodに代表される音楽データの扱いでは、フィルタリングの種類もさまざまあり、アーティスト別やジャンル別、アルバム別などの表示切替ができます。同一画面で瞬時に切り替わるため、利用する際には目的にあった表示方法を選ぶことができます。

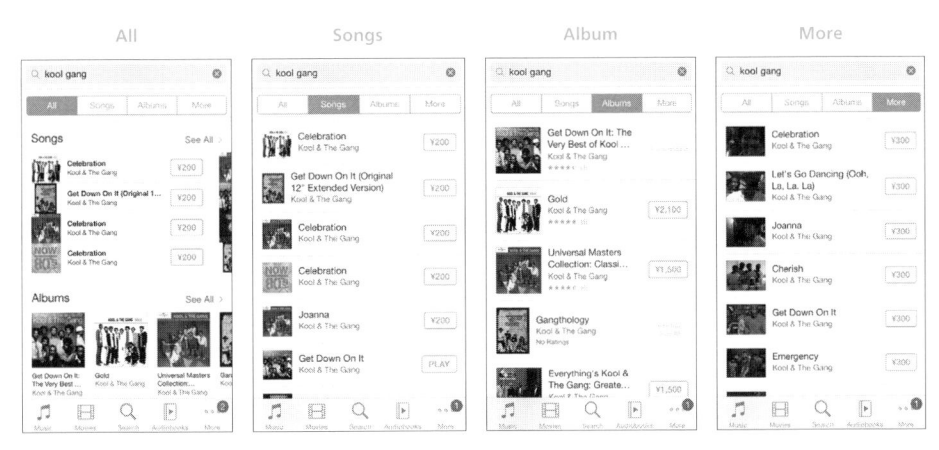

図3 iTunesのフィルタビュー

また、スマートフォンには必ずはじめから入っている写真アプリには、写真データの扱いとして撮影に関する情報をいくつかの表示方法に切り替えることができます。撮影の日付別や撮影した場所別などの表示切替、また自分でカスタマイズして作成するアルバム別などの切り替えができます。

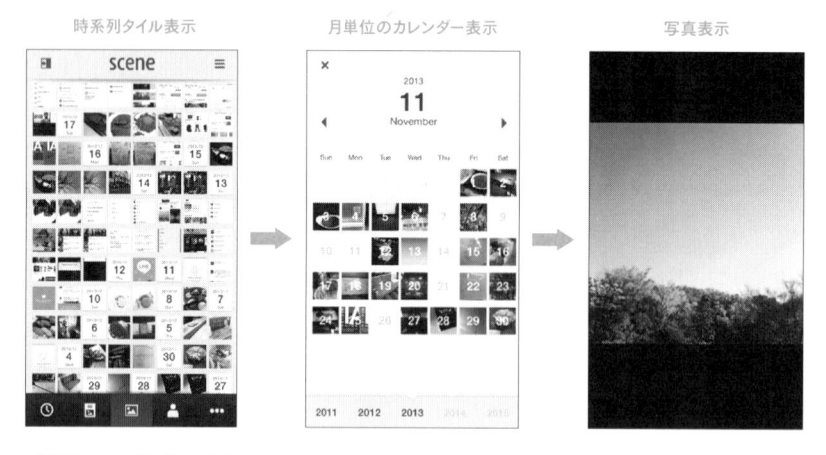

図4 Scene（写真アプリ）のフィルタビュー

関連するUIパターン

フィルタビュー型パターンは、さまざまな表示方法を提供する仕組みです。したがって、その方法は主に検索する行為に深く関係してきます。関連するUIパターンとしては、単純な並び替え（ソート）と条件を指定するフィルタが該当します。

ソート	表示している情報を、異なる条件で並び順を変更するパターン
フィルタ	表示している情報を、異なる条件で再表示するパターン

表1 フィルタビュー型に関連するUIパターン

ソート

ソートは単なる「並び替え」として呼ばれるものですが、検索結果を1つの表示方法だけで提供する場合とでは格段に探しやすさが変わります。また、画面内にソート機能を置く場合と、ダイアログなど別ビューで提供する場合とがあり、検索の目的に合わせて提供手段もさまざまあります。

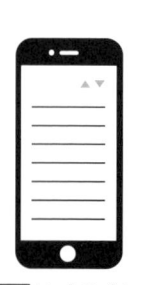

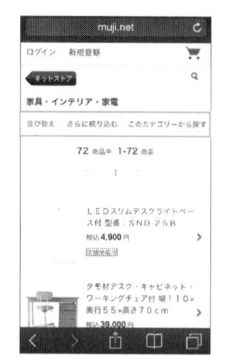

図5 ソートのパターン　　図6 無印良品ネットストア

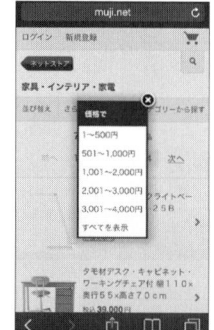

図6の実装例は、ECサイトにおける商品カテゴリの検索結果です。この場合「並び替え」には「おすすめ順」や「価格の安い順」などの並び替えが可能です。また「さらに絞り込む」としてフィルタも組み合わせていますので、より目的の商品を見つけやすくしています。

こうした並び替えなどの検索条件をダイアログで提供することで、検索結果画面の商品情報を見ることに集中できるようにしています。

フィルタ
検索結果によく使われる表示方法の切り替えです。主に、検索対象が写真やイメージなどテキスト以外のものに使われます。たとえば、写真を検索する場合にも写真以外の付加情報で判断したい場合に、写真表示と情報表示の2つの表示方法があると検索がしやすくなります。

図7 フィルタのパターン　　図8 Yahoo!地図

図8の実装例では、地図での検索する場合を想定した検索結果を表示しています。このアプリでは検索入力はテキスト検索ですが、検索結果には地図上にプロットしたお店の情報を表示しています。同様に検索結果として保有するお店の情報はリストメニューとしても結果を表示することができます。こうした1つの検索行為にひもづく検索結果の表示切替により、探しやすさを新たに提供していることなります。

このUIパターンの課題

フィルタビュー型のUIパターンは、主に検索に関わる操作の一環で提供されるため、検索の目的や検索結果の複雑さなどに影響します。とくに、モバイルにおいては検索入力や検索結果自体が画面全体で表示されることが多くあるため、フィルタリングの機能自体も画面内にあるか別画面にするかが検討課題となります。また、検索とは異なり送受信などのトランザクションを必要としないため、スムーズな表示切替が求められます。

このUIパターンでは、主にソート（並び替え）とフィルタ（表示条件の切り替え）を扱いましたが、検索のしやすさを考えるためには、これらの機能と検索機能とを合わせてユーザーの検索体験を考える必要があります。

> Chapter

3-8 複雑なナビゲーションパターン

モバイルデザインを検討するためには、モバイルサイトやアプリの利用状況からコンテンツの構造、使い方や表示の方法まで検討項目が多岐にわたります。それらが1つのストーリーとしてつながるためには最終的に目に触れるインターフェースの検討が不可欠です。

ユーザーインターフェースにおける10パターン

レイアウトやナビゲーションによく使われる10のパターンを紹介します。

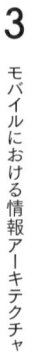

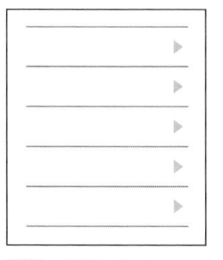

図1 ナビゲーション
メイン画面やそのメニュー表示パターン

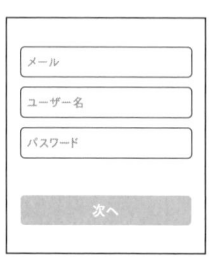

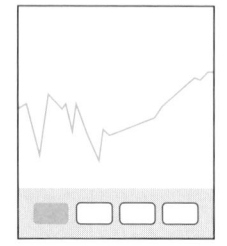

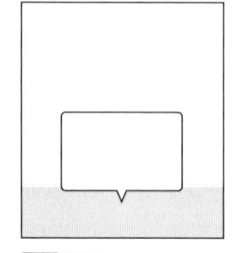

図2 フォーム
サインインや登録、チェックアウトなどの表示パターン

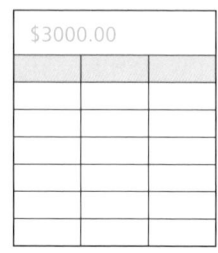

図3 テーブル・リスト
表やリスト、画像付きリストの表示パターン

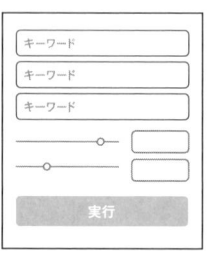

図4 検索・ソート・フィルタ
テキスト検索とその候補、並び替えや検索条件での絞り込み表示パターン

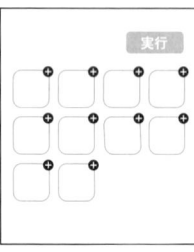

図5 ツール
メイン画面やそのメニュー表示パターン

図6 グラフ
メイン画面やそのメニュー表示パターン

図7 誘導
モーダルウィンドウやバルーン、チップス表示パターン

図8 フィードバック・アフォーダンス
レスポンスの表示でエラーや確認をする表示パターン

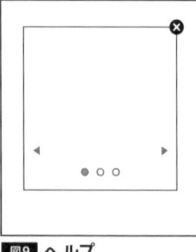

図9 ヘルプ
ガイドやコーチ、ツアーなどの表示パターン

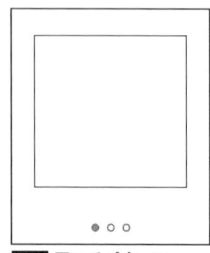

図10 アンチパターン
パターンに当てはまらない表示パターン

※Mobile Deisgn Pattern Galleryを参考に作画

ユーザーインターフェースとは、見た目としてのレイアウトはもちろん、操作性としてのインタラクションや機能、使い心地といった心情的なものまで含むと考えられます。これらのパターンをひと通り理解していれば、さまざまな目的に合わせたインターフェースの設計に活かすことができます。

パターンに当てはまらないものは、左ページの図のようにアンチパターンとして整理することができます。ただし、ユーザーインターフェースの種類は日々増え続けていますので、それらの種類から新たなUIパターンができてくることも考えられます。

このモバイルデザインパターンは、Theresa Neil氏の書籍「モバイルデザインパターン」を参照してまとめていますが、著書と合わせて公開されたサイト「Mobile Design Pattern Gallery - UI Patterns for iOS,Android and More（現在は閉鎖）」 参考1 のほうに種類は合わせています。

よく使われるナビゲーション

もっともよく使われるナビゲーションには、リストメニューに関するものとイメージオブジェクトに関するものがあります。これらはモバイルデザインにおいてのナビゲーションの典型パターンとして、さまざまなアプリやモバイルサイトで採用されています。

ドロワー	リストメニューを画面外領域から必要な時に引き出すナビゲーション
カルーセル	イメージを複数回転して表示するナビゲーション

表1 よく使われるナビゲーション

ドロワー

リストメニューは、ナビゲーションの典型的なパターンではありますが、コンテンツを利用する際には常時必要ではないものです。一方で、常にホーム画面に戻るスプリングボード（ダッシュボード）ではステップが増えるという課題があります。これに対して、必要なときに引き出せるドロワー型のナビゲーションは、どちらの課題も解決できるパターンとして、Facebookアプリで採用されたのを皮切りに、さまざまなアプリでも使われるようになりました。

GoogleのAndroidアプリでは、標準搭載のナビゲーションとして採用されています。

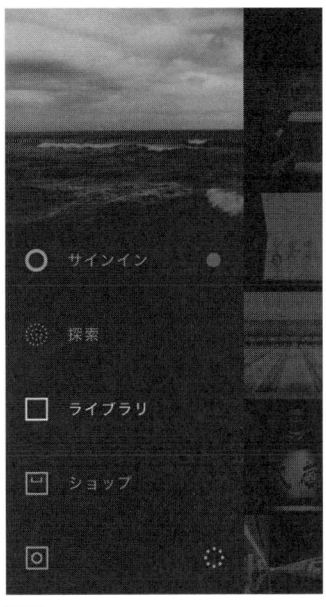

図11 VSCO

参考1 Mobile Deisgn Pattern Gallery　Theresa Neil氏の書籍「Mobile Deisgn Pattern」のWebサイトで、書籍以外のパターンやケースを公開していた（現在は閉鎖）。https://www.flickr.com/photos/mobiledesignpatterngallery/collections/

カルーセル

イメージオブジェクトがナビゲーションとして機能する場合、いくつかのイメージを表示して構成しますが、モバイルデザインにおいては画面サイズが制約となるので、掲載する点数を検討する必要があります。カルーセルには「回転木馬」という意味がありますが、複数のイメージを回転するよう表示し、表示面積の課題を解決する手法としてよく使われています。

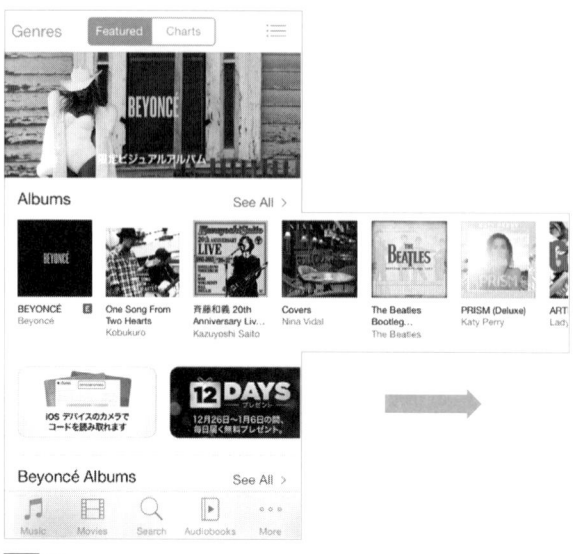

図12 iTunes

最近では、イメージの途中まで表示して「まだ他にもあること」を表現することがあります。矢印もなく「スワイプ」というタッチ操作を前提にしていることが多いため、マウス操作には不向きな面もあります。

レスポンシブデザインにおけるナビゲーション

さまざまなデバイスや画面サイズに対応するレスポンシブデザインを検討するには、基準となるレイアウトやナビゲーションパターンが必要です。パターンを拡張したものやパターンの組み合わせなど、これまでに見てきたパターンだけではなく、さまざまなパターンを発明していくことも大切です。

とくに、画面サイズが比較的大きなもの（PCなど）から画面サイズの小さいもの（スマートフォンなど）まで、同一データを扱う場合の表示方法として、レイアウトはもちろんナビゲーションの形も変わることが必要になります。

これらのナビゲーションでは、画面サイズが小さい場合への対応として、要素を入れ子にしたりプラスαで表示要素を操作（表示・非表示）したりしています。そのためには、画面サイズが大きい場合に採用していたパターンが、小さい画面にも対応できるのかが検討課題となります。

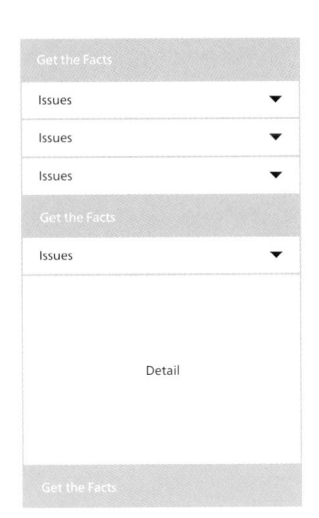

図13 マルチトグル
アコーデオンを入れ子にして複数のナビゲーションを表示する

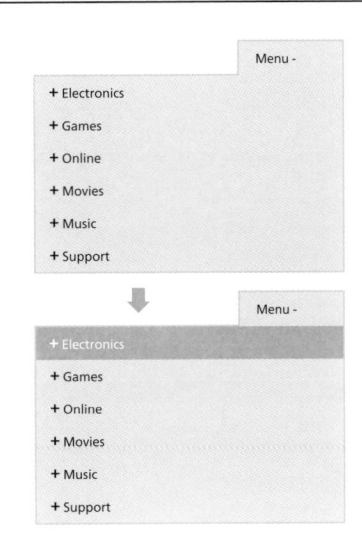

図14 リストオーダー
リストメニューの入れ子を右から左に移動（アニメーション）させて表示する

図15 サブナビゲーションスキップ
サブナビゲーションをスキップして目的のページに誘導する

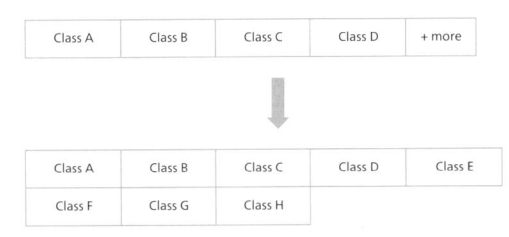

図16 プライオリティ+
優先度の低いナビゲーションを「+more」などにより非表示にする

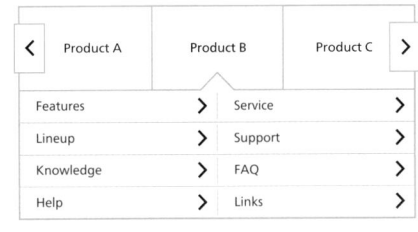

図17 カルーセル+
カルーセルにリストメニューをぶら下げて表示する

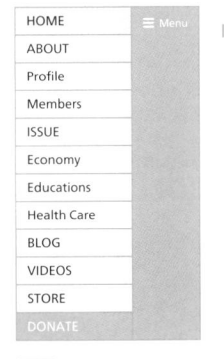

図18 オフキャンバスフライアウト
キャンバス領域以外からナビゲーションを出現させる

※Complex Navigation Patterns for Responsive Design
（Brad Frost）参考2 を参考に作画

Chapter 3 モバイルにおける情報アーキテクチャ

参考2　Complex Navigation Patterns for Responsive Design　Brad Frostによるナビゲーションデザインパターンまとめ。
https://www.flickr.com/photos/mobiledesignpatterngallery/collections/

たとえば、デスクトップサイトでメガドロップメニューとして全カテゴリを表示していたパターンに対して、スマートフォン向けには、全カテゴリを表示せずに、リストオーダーで1カテゴリーずつ表示させることができます。同じデータを異なる表示に切り替える手法がわかると、どのようにデータを扱うかナビゲーションパターンと合わせて検討ができます。

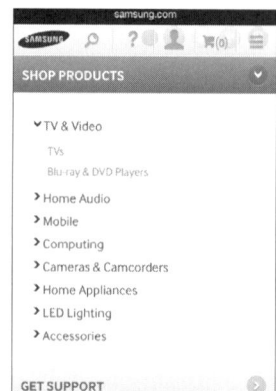

図19 メガドロップメニューとリストオーダーの関係例

変化するナビゲーション

ナビゲーションはパズルのように画面構成の一部でしかありませんが、ユーザーインターフェースとは静止している状態だけを指すわけではありません。画面の切り替えやスクロールなど利用時には動きをともなう場合があります。同じナビゲーションでも、動きがある場合ない場合とでユーザーへ与える印象は変わります。

これまでのマウス操作を前提にした場合とは異なり、スマートフォンなどでタッチ操作ができることで、ナビゲーションに触れることや動かすことが容易になりました。

Adrian Zumbrunnen氏による記事「Smart Transitions In User Experience Design」 参考3 には、これまでの動きのないデザインは過去のものとして、これからは動くことで豊かなユーザー体験を提供していくと述べられています。右ページに8つ、ナビゲーションにおけるアニメーションをご紹介します。

これらのほとんどが同一画面内での動きを表現しています。これまでのように、画面が切り替わることで、異なる情報を表示したり操作を要求していた場合とは異なり、動き（モーション）によりシームレスな操作が可能となり、必要な情報のみにフォーカスできます。

参考3 Smart Transitions In User Experience Design
http://uxdesign.smashingmagazine.com/2013/10/23/smart-transitions-in-user-experience-design/

アニメーションを使うことで、ユーザー自らの経験で培った「こう動くはず」などの予測がしやすくなり、ナビゲーションだけでは表現できなかった誘導が行えます。一方で、使い過ぎるとかえって使い心地を損なう場合もあるため、用途については検討が重要です。

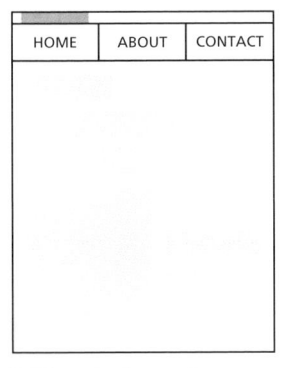

図20 アニメーションスクロール
タブ切り替えをやめて、横向き・縦向きにスクロールする

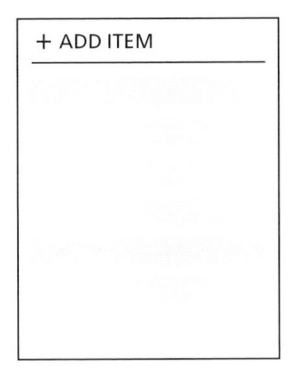

図21 ステートフルトグル
画面遷移ではなくスライドして切り替え、切り替えたことがわかる

図22 フォームやコメントの拡張
重要な要素だけを表示しシームレスに操作できるよう連動する

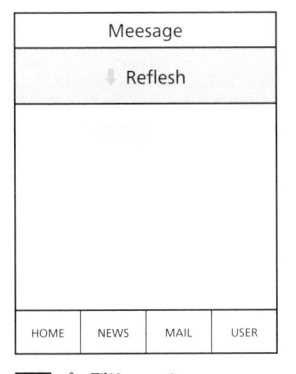

図23 プル型リフレッシュ
更新ボタンではなくストリームの操作に近い操作で更新する

図24 アフォーダンス 参考4
ボタンが操作できることを明示するよう自然とその動かし方が理解できるようにする

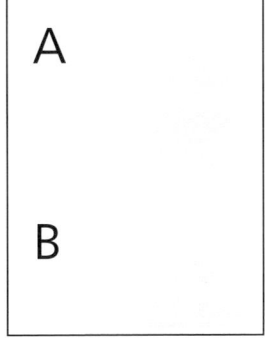

図25 粘着するラベル
画面をスクロールしても該当するセクションのラベルは一時的に固定する

図26 コンテクストベースの非表示
コンテクストを重視しコンテンツ以外の情報を自動的に隠す

図27 フォーカスの移動
フォーム入力などでの項目ハイライトとその移動

※ Smart Trasitions User Experience Design を参考に作画。アニメーションを図版で説明するのは難しいので 参考3 の記事をご覧下さい。

参考4　アフォーダンス　affordance。英語の動詞アフォード（afford=与える、できる）をもとにつくられた心理学の用語。人間が「自然に行為が行えるような」形態やデザインのことを指す。

> Chapter

Practice 実践

3-9 デザインパターンを活用するには？

デザインパターンとは、画面のレイアウトやコンポーネントの組み合わせにおける定形を指します。パターンを知ることで、意図した情報伝達の仕方やユーザーとのコミュニケーションについて理解していきましょう。

陥りがちな問題

紙面におけるレイアウトや、デスクトップなどの広い面積でのレイアウトに慣れてしまっていると、小さい画面サイズに対するレイアウト方法がわからない可能性があります。

よくある課題

画面サイズの小さいレイアウト方法がわからない、という問題を解決するうえでいくつかの課題があります。

1. 情報過多になりすぎてしまう
2. ユーザビリティが悪い
3. モバイル環境に合ったナビゲーション方法がわからない
4. デザインシステムとしての理解不足

これらの課題は、これまで紙面を対象にしたデザイン経験や、デスクトップサイトでのデザイン経験がそのまま流用できないことを指しています。手のひらサイズのモバイル環境でデザインをするうえで、これらはとても重要です。

背景

これらの課題の背景には、デザインを装飾またはアートのようにとらえてしまうことがあります。とくに、面積の広い紙面や画面サイズの大きいデザインをする場合、その自由度の高さからさまざまな工夫が大きな価値を生む場合があります。

これからのモバイル環境におけるデザインは、より小さな画面サイズに、定まったデザインルールをふまえて、何を情報とし、どうすれば伝わりやすくなるのか、といった機能的な側面が重要になります。

そのためには、なにが表現できるのかというルールを知ることに加えて、どのようにするとユーザーが使いやすくなるのか、何を目的に使うのかなどを念頭にデザインに取り組むことが大切です。世の中にあるものを参考にしながら目的に合うパターンを見つけることが求められます。

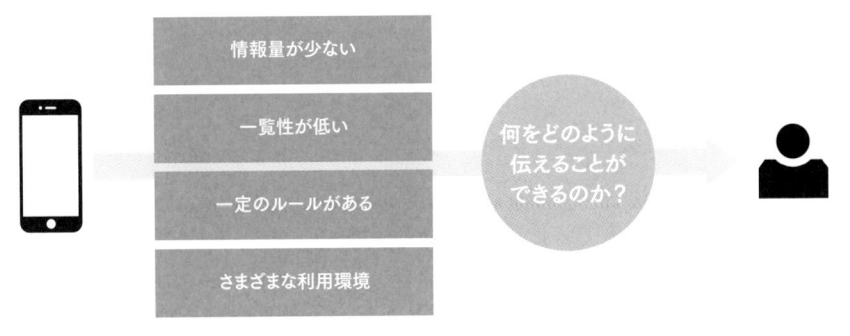

図1 モバイル環境におけるデザイン

解決の糸口

まず、モバイル環境におけるデザインに求められるものを「情報」としてとらえてしまうのではなく「機能」としてとらえる必要があります。ただの情報がアクションをともなう機能になることで使う対象に変わります。このとらえ方ができれば、見た目の問題よりも目的を遂行するための機能として見ることができます。つまり、単なる「ビジュアルデザイン」ではなく「デザインシステム」をつくるという考え方です。

デザインシステムを作るという観点で見れば、検討しなければいけないことは一貫したユーザー体験に焦点を当てたうえで、デザインパターンのようなわかりやすいルールを設けることにつながります。単一の画面デザインしかしてこなかった経験者が、大規模なWebサイトのデザインをするうえでもっとも気にしなければいけないのがこの一貫したデザインのルールづくりです。

1. 情報過多になりすぎてしまう　▶　モバイルでは情報ではなく機能でとらえてみましょう
2. ユーザビリティが悪い　▶　標準的な操作方法や業界共通のデザインを理解しましょう
3. モバイル環境に合ったナビゲーション方法がわからない　▶　ナビゲーションとコンテンツを分けて考えましょう
4. デザインシステムとしての理解不足　▶　コンポーネント単位でレイアウトを組み立てましょう

デザインのルールづくりをするうえで、Webサイトならではのものやアプリならではのものを考えがちになりますが、この一貫したデザインシステムがあったうえで個別の要求をどのように満たすのかを検討しなければいけません。

[**Knowledge** 関連知識]

紙との違い（インタラクションデザイン）

紙面のデザインではなく、ハイパーリンクでつながったインターネット利用におけるインターフェースには、機能をふまえたユーザーとの対話や、表現（振る舞い）があります。たとえば、同じテキストがある場合でも、紙では一方的に読むだけですが、Webサイトやアプリではタップ（クリック）できたり色や下線がつくなど見え方が変わります。

たとえば、リーフレットをモバイルサイトやアプリにする場合には、単にPDF化したデータを表示するのではなく、どのような目的でリーフレットの情報にアクセスするのかを見極めて使い方を検討します。紙に比べてWebサイトやアプリは、よりインタラクティブで、さまざまな形が存在し流動性が高いと言えるでしょう。

紙	Webサイト
一方通行	双方向性
固定・ストック型の情報	流動・フロー型の情報
一覧性が高い	一覧性が低い
入手方法は1つ	入手方法が選べる
デバイスは不要	デバイスが必要

表1 紙とWebサイトの違い

スタンダードとオリジナリティ

ブランド（CI）は、他社と類似しているだけでニュースになる場合があります。Webサイトやアプリも似すぎてしまうと、その製品やサービスの良い面を訴求できません。

一方で、業界のデファクトスタンダードに倣った結果、デザインが似通ってしまう場合があります。図2はビックカメラとヨドバシカメラのECサイトですが、レイアウトやナビゲーションの配置がよく似ています。

ビックカメラ　　　　　　　　　　　ヨドバシカメラ

図2 家電量販店のECサイトのスタンダード

こうしたアプローチにはリスクもあります。たとえば、業界最大手のWebサイトのデザインに倣ったにもかかわらず、最大手がリニューアルをして大幅にデザインが変わってしまった場合です。そうなると、とたんに古びたデザインに見えてしまうというのはよくある話です。何を共通化し何を独自のものとするか、デザインのルールは重要です。

ナビゲーションは極力1つにする

デスクトップサイトでは階層が深く、いくつものナビゲーションを用意している場合があります。これをそのままモバイルサイトに流用することはできないため、ナビゲーションを改めて整理したうえで設計し直します。その際に考えなければならないのが、そのページから見て必要なナビゲーションがどれなのか、です。

カテゴリー❶のサブカテゴリー❷がある図3の場合に必要なのは、サブカテゴリー❷の横移動で、カテゴリー❶はブラウザバックなどの機能が使えれば代替できます。つまり「ナビゲーションを画面内に極力1つにする」という考え方で再整理を始めることができます。

図3 必要なナビゲーションはどれか

デザイン言語としてのデザイン

モバイル環境のデザインにおいて、GoogleのMaterial DesignやSalesforceのLightning Design System 参考1 からはデザインシステムとして考え方を知ることができます。彼らはメディアプラットフォーマーとしての立場から一貫したデザインルールを定義しています。

こうしたデザイン言語を構築することにより、デザインをシンプルに、かつその世界観を表現しやすくなってますが、一方、コンテンツパブリッシャーに求められるデザインとは、どこまでをユニークに、どこまでをシステマティックに考えるべきかが問われてきます。

図4 Salesforce Lightning Design System

参考1 Lightning Design System　Salesforceのデザインシステム。https://www.lightningdesignsystem.com/

Q ▶ 情報過多になりすぎてしまう

よくある課題

A ▶ モバイルでは情報ではなく機能でとらえてみましょう

解決方法

前提

モバイル環境はデスクトップ環境より表示できる面積に限界があります。そのため、作り手はどのような情報をその中に掲載すべきかという検討が必要になります。その際に重要になるのがユーザーの目的です。じっくりと調べ物をするのに適しているデスクトップとは異なり、モバイルは短い時間にさっと調べることに使われる傾向があるため、長々と書かれたテキストは読まれにくいことがわかります。

たとえば、ヘルプテキストなど「読むことが主目的」の場合でも、ユーザーテストによってほとんど読まれないことなどがわかっています。ヒートマップ調査（ユーザーがどこに注視しているのか調査する手法）でも説明文はほとんど読んでいなかったり、読まれるのはボタンにある1つか2つのワードという結果があります。

図5 ヒートマップによる可視化の例（User Insight 参考2）

参考2　User Insight　デスクトップ、スマートフォン、タブレット向けのWebサイトにおけるユーザー行動をヒートマップで可視化するサービス。http://ui.userlocal.jp

このように、モバイルデバイスの小さな画面において、ユーザーはテキストを読む行為よりも目的のワードを探しだして次の画面にすぐに進むことが考えられるため、情報掲載よりも機能（ボタン類）に主眼を置いて画面をデザインしていく必要があります。もちろん読書が目的の場合には、この限りではありません。

したがって、モバイル環境のデザインを考える際の編集とは、テキストにおける編集のほかに、どのようなアクションをとってほしいかといった機能面についても議論をする必要があります。たとえば、詳しくその情報を見る場合には詳細画面へのリンクを設けるといった具合です。

ヒント

モバイル環境のデザインにおける「編集」とは、情報量の縮小だけではなく、ワーディングの優先順位に加えて、アクションにひもづく機能（ボタン類）についても編集しなければなりません。そのためには、ユーザーの目的や心理を理解したうえでデザインすることが必要になります。

進め方のイメージ

編集やレイアウトにおける方針を議論する際に、モバイル環境独自の機能やデザイントレンドなども合わせて把握して、モバイル環境における編集方針を固めていくことが大切です。デスクトップサイトをモバイルサイト向けに変更するとなれば、表示面積が異なるため、複数カラムあったものを1つにするなど大幅なレイアウト変更が必要です。そのためナビゲーションやボディの位置をモバイルサイト向けに再設計する必要があり、モバイルデザインパターンで紹介したようなレイアウトに適用していく必要があります。

また、表示順も上から順に掲載することになるため、デスクトップサイトで左から右に横向きに並べていたものも上から順に掲載するなど優先順位も見直す必要も出てきます。情報量が多いものには、こうした配置替えのほかに、非表示にしたり削除したりしてモバイルサイト向けに適用するよう進めます。

モバイルデザインの編集方針

1	シングルカラムで構成する
2	画面の表示順序は、優先順位となる
3	配置替え・非表示・削除する

デスクトップ環境向け　モバイル環境向け

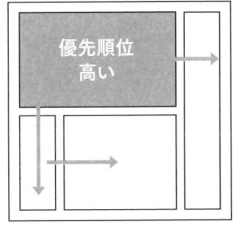

図6 モバイルデザインの編集方針の例

Q ▶ ユーザビリティが悪い
よくある課題

A ▶ 標準的な操作方法や業界共通のデザインを理解しましょう
解決方法

前提

「使いやすさ」は、習熟度が上がれば向上します。たとえば、車の運転でもはじめは難しく感じますが、何回か運転することでだんだん慣れてきますね。これと同じことがインターフェースにおいても言えます。スマートフォンのタッチ操作もはじめは難しく感じましたが、今では難なく操作できているのではないでしょうか。

図7 ニュースアプリのタブ表示に見るデファクトスタンダード

多くのWebサイトのヘッダー付近にあるロゴマークはタップできるものがほとんどですし、ウィンドウに「×」ボタンがあればそのウィンドウを閉じることだとわかります。どのWebサイトやアプリでも採用していることで、はじめて訪れたユーザーでも難なく操作できます。これがデファクトスタンダードです。

不動産	路線・駅・エリアなど、絞り込み検索が非常に多い
EC	商品写真をタイル表示・リスト表示の切り替えができる、無限スクロールする
コミュニティ	レート表示、レビュー投稿などがある
ニュース	ジャンルを横並びにしてタブ表示する

図2 WebサイトやアプリにおけるデファクトスタンダードのＣ

図2ように、業界や業種におけるデファクトスタンダートを知ることにより、習熟のしやすさから習慣へと至る流れのきっかけをつくることができます。また、その結果としてデザインの表現方法や選択肢を多く持つことができ、新たなデザイン提案が可能になります。

ヒント

モバイル環境のデザインのインターフェースには、その業界や業種における共通ルールがあります。デファクトスタンダードを採用することは「習熟のしやすさ」につながります。その結果、ユーザビリティを向上することができるため、ギャラリーサイトで関係のないデザインを見るよりもはるかに意味があります。

進め方のイメージ

競合比較をすることで未経験の人でもその業界・業種の共通ルールを知ることができます。対象サイトやアプリの水準を推し量り、そうした基準が理解できてくればヒューリスティック評価を通じて専門的な視点で対象を分析することができます。そのためには、数多くのWebサイトやアプリを見ることに加えて、評価や調査をするタスクをプロジェクト設計にも入れておかなければいけません。業界別の特長やルールがわかってきた段階で、デザインパターンの適用例としてギャラリーサイトを見ることも自分の経験だけではない知識を広げることにも役立ちます。

iPhoneのパターン　　　　　Androidのパターン

図8 デザインパターンの適用例を見る（Mobile Design Patterns **参考3**）

参考2 Mobile Design Patterns – pttrns　http://pttrns.com/patterns

Q よくある課題 ▶ モバイル環境に合った
ナビゲーション方法が
わからない

A 解決方法 ▶ ナビゲーションと
コンテンツを
分けて考えましょう

前提

デスクトップサイトをモバイル対応する際に必ず検討しなければいけないのが、ナビゲーションとコンテンツの問題です。デスクトップサイトでは、ナビゲーションを配置する場所が確保されている場合がありますが、モバイルサイトでは限られています。そのため、デスクトップサイトでいくつもあるナビゲーションをモバイルでは1つだけにする場合があります。

図9 **ナビゲーションを1つにまとめた例（Amazon）**

Windowsアプリの導入ガイドによると、デスクトップサイトからアプリにする場合にナビゲーション部分はOS側で用意されたガイドラインに合わせることで、残るのはいわゆる本文部分（コンテンツ）です。モバイル環境におけるデザインではコンテンツがもっとも重要で、ナビゲーション類は二の次であることがわかります。

このように、モバイル環境におけるデザインを検討するうえでは、ユーザーの利用目的でもあるコンテンツをはじめに明確にしたうえで、ナビゲーション類はデザインパターンを適用することで取り組みやすくなります。

ナビゲーションのデザインパターンは、レイアウトの次に数が多く、少なくとも10種類以上存在します。代表例にはドロワーやカルーセルなどがあります。どのような場合にどのパターンを適用するかは、デザインパターンのギャラリーサイトなどを参考にするといいでしょう。

ヒント

コンテンツを決めたうえで、どのナビゲーションが有効かを決めます。Webサイトやアプリの目的にあったデザインパターンを採用し、画面のレイアウトに落とし込みます。

進め方のイメージ

ナビゲーションシステムの設計を行います。デスクトップサイトにあるナビゲーションのうち主要動線として「必須」で考えられるものと、あるといい「要望」とに分けて、モバイルサイトにおける目的を念頭に再整理していきます。それらはワイヤーフレームやプロトタイピングで検証を行い、最適なナビゲーションシステムを開発します。

ナビゲーションシステムを検討するには、デスクトップサイトやモバイルサイトでどのような目的でどのナビゲーションを採用しているかを調査することが大切です。レスポンシブWebデザインの対応状況を一覧で見ることができるギャラリーサイト「Responsive Web Design JP 参考3」が参考になるでしょう。対象の業界や実装方法（BoostrapやFuid Gridなど）について見ていくことで、目的に合った適用の事例を見つけることができます。

図10 レスポンシブWebデザインの対応状況を見る（Responsive Web Design JP）

参考3 Responsive Web Design JP　日本国内の秀逸なレスポンシブWebデザイン事例を集めたギャラリーサイト。
http://responsive-jp.com

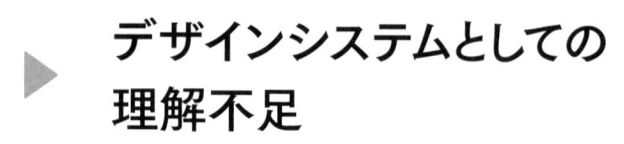

Q よくある課題 ▶ デザインシステムとしての理解不足

A 解決方法 ▶ コンポーネント単位でレイアウトを組み立てましょう

前提

コンポーネントとは、画面デザインにおける構成要素を指します。構成要素には、最小単位で「パーツ」と呼ばれるものがありますが、パーツがいくつか集まったものを「コンポーネント」と呼びます。さらにコンポーネントが集まった単位を「ページ」、ページがいくつか集まって「サイト」と考えることができます。

パーツ	コンポーネント	ページ	サイト
ボタンなどのパーツ（要素）を指す。	パーツが組み合わさりコンポーネント単位となる。	コンポーネントが組み合わさり、ページ（画面）単位となる。	ページ（画面）が集まりサイト単位となる。

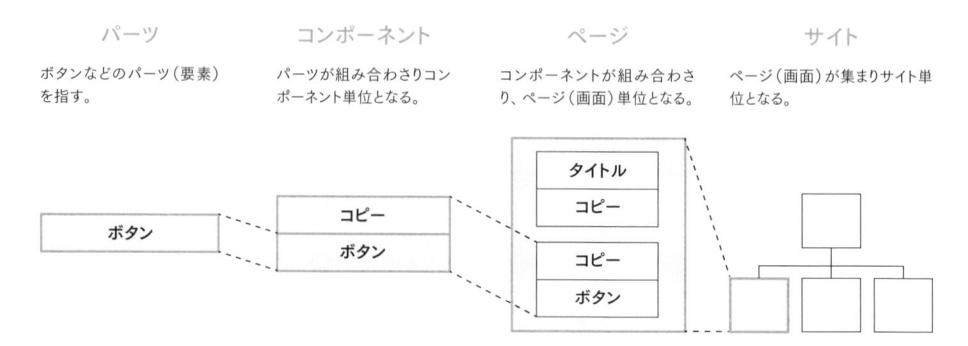

図11 パーツ・コンポーネント・ページ・サイト

グラフィックデザインの視点で考えた場合、Webにおけるデザインはページ単位と見ることもできますが、実際にはページを構成しているコンポーネントの組み合わせだと理解する必要があります。たとえば、サイト全体に共通のヘッダーやフッターなどの呼称は画面上部や下部のコンポーネントです。

参考4 Style Guide - Dribble　PrestaShopというサービスのスタイルガイドのコンセプト例。
https://dribbble.com/shots/2162792-Style-Guide-Product-guidelines

画面設計を進める際には、どのパーツが共通か、どのようなコンポーネントの種類が必要か、コンポーネントの色の使い方や書体はどう指定するかを考えながらデザインシステムを作り上げていきます。

このように、Webサイトやアプリ全体で共通して使用することが考えられるため、ページ単位ではなくコンポーネント単位にしておくことが重要です。そうすることで他ページへの展開がしやすくなり、ボタンやパーツの流用がしやすくなります。

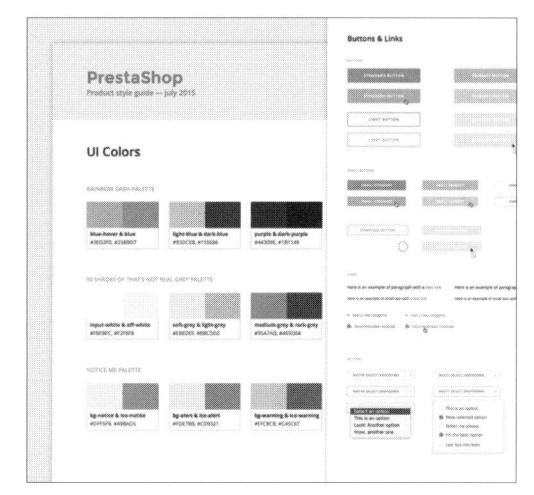

図12 スタイルガイドの例（Dribbble 参考4 ）

展開や流用を考慮していないページ単位のデザインはデザインシステムとしてはすぐに破綻し、効率の悪いデザインになってしまいます。そうならないためにもコンポーネントを念頭にしたデザインを進めます。

ヒント

モバイル環境におけるデザインは紙面やグラフィックデザインとは異なり、ページ単位のデザインではなく展開や流用をはじめから考慮したデザインシステムです。そのためにも、共通のコンポーネントを組み合わせて構築していくデザイン手法を理解する必要があります。

進め方のイメージ

画面設計を進める際に、どのパーツが共通か、どのようなコンポーネントの種類が必要かを考えながらデザインシステムを作り上げていきます。最終的にスタイルガイドなどをまとめる機会がない場合でも、いくつかの項目を理解したうえでまとめることはデザインの理解に役立ちます。以下は、「How to Create a Web Design Style Guide 参考5 」としてまとめられたガイドライン作成の例です。

Webデザイン・スタイルガイドの作成ポイントまとめ

- ブランドをより詳しく知ろう
- カラーパレットを作成しよう
- アイコンを有効に使おう
- 入力フォームにも対応しよう
- 余白スペースにも配慮しよう
- 書式、タイポグラフィーを決定しよう
- 親しみのあるキャッチコピーを考えよう
- イメージ写真を活用しよう
- ボタンについて
- 禁止事項もきっちり明記しよう

参考5　How to Create a Web Design Style Guide – Designmodo　http://photoshopvip.net/archives/69456

Column > 愛着を深めるマイクロインタラクション

マイクロインタラクションとは、最小単位のインタラクション（振る舞い）を指します。たとえば、気温がゼロ度より下回ったら赤から青に変わるのを見たことがあるでしょう。また、スマートフォンで音楽を視聴中に電話がかかってくると、少しフェードアウトして音が小さくなります。こうしたとても小さな振る舞いについてのデザインを指します。

マイクロインタラクションは頼もしい味方

こうしたマイクロインタラクションは、いわゆるマクロインタラクション（つまり主要機能）と同じように検討し実現できれば、すぐれたユーザーエクスペリエンスを実現することができます。この小さな振る舞いにより、その製品に愛着が持てるか、ただの製品として見るかの違いを生んでしまいます。

たとえば、パスワード認証の入力フォームでは、パスワードの安全性をカラーとメッセージにより示しますが、これが同じカラーでメッセージがない場合と比べると、本当に安全なのか不安になるでしょう。このように、同じ機能でもマイクロインタラクションを取り入れることにより、より安全により楽しくより面白いものへと体験を変えてくれる頼もしい味方になります。

開発のアプローチ

一方、マイクロインタラクションの開発に割り当てられる時間には限りがあります。開発のほとんどは主要機能の開発に宛てられるからです。そうならないように、マイクロな視点とマクロな視点とでその必要性を検討してみることが重要です。

マイクロな視点	機能を細分化したときに必須となるマイクロインタラクションを明確にする。たとえば、検索入力フォームに必要な機能のうち、サジェストの出し方が最も重要な機能と定義する。
マクロな視点	Webサイトやアプリで行うべきたった1つの機能だけに集中し洗練する。たとえば、そのアプリでは横にスワイプして閲覧する体験を最優先し、その動きを洗練する。

表1 マイクロインタラクションの開発視点

開発においてマイクロインタラクションにフォーカスすることは、アプリやサービスにおける体験をより豊かにするアプローチとして見ることができます。こうしたことに全く配慮せず開発することは、せっかく作り上げたアプリやサービスを誰からも愛されないものにしてしまう可能性があります。書籍「マイクロインタラクション 参考1 」に詳しいので参考にしてみてください。

参考1 マイクロインタラクション―UI/UXデザインの神が宿る細部　http://www.amazon.co.jp/dp/4873116597

> Chapter

4

問題解決としての
情報アーキテクチャ

デザインとは、ユーザーの特定の利用状況における問題解決でなければいけません。さまざまな状況を理解し、最適だと思われるソリューション（解決方法）を生み出す力が必要です。そのためには、求められるニーズや課題に対して何を提供するのがよいのか、アイデアを具現化する情報アーキテクチャの視点が重要です。

4-1　コンテンツ構造設計と優先順位
4-2　検索パターンとナビゲーションの関係
4-3　プロトタイピングという可視化
4-4　デザイン原則の重要性
4-5　Practice：プロトタイピングツールの使い方とは？

コラム　サービスデザインという見方

> Chapter

4-1 コンテンツ構造設計と優先順位

雑誌やデスクトップサイトのような比較的広い面積の場所でのデザインから、タブレットやスマートフォン向けのモバイルサイトの狭い面積の場所でのデザインに取り組むには、画面の小ささを踏まえた編集方針がもっとも重要になります。

コンテンツ構造の設計とは

コンテンツ構造とは、Webサイトやアプリにおけるコンテンツ（オブジェクト）の構造・表示・遷移などを指します。コンテンツ構造の設計とは「コンテンツにおける6パターン」（Chapter3-1を参照）で紹介した、Webサイトやアプリにおいてどのように情報を組み立てるかといった構造に関することや、どのように表示するべきかなどの表示や遷移方法についてを指します。つまり、IAパターン（情報アーキテクチャ）の設計です。アウトプットの例としては、コンテンツインベントリ 参考1 やサイトストラクチャや画面遷移図などが該当します。

優先順位と表示

優先順位づけの目的をコンテンツの表示方法に限定し、モバイルでの表示（画面サイズが小さいこと）を前提にすると、「どのように見えるか」がダイレクトに関係してきます。下図は金融機関のモバイルサイトの例ですが、同じようなサービス体系にもかかわらず、図1がサービスを画一的に並列に見せているのに対し、図2は優先順位を想定した強弱をつけています。

図1 サービスを画一的に並べた例

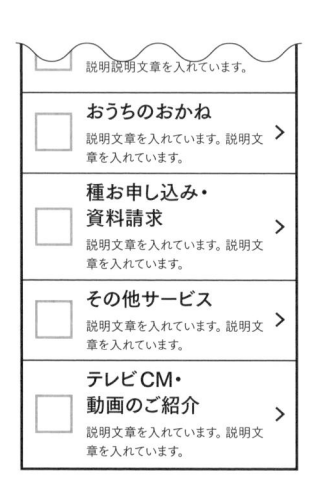

参考1　コンテンツインベントリ　コンテンツインベントリとは、コンテンツの一覧を指す。ファイルリストとも兼ねてファイルごとの情報を管理する場合や、スケジュールと兼ねて進捗管理として使用されることもある。

人間が一度に覚えられる数字は7±2個と言われた時代もありましたが、チャンク（塊）をつくれば、4個やそれ以上でも覚えやすくなります。こうした表示方法を検討することは、コンテンツの優先順位づけにもつながります。

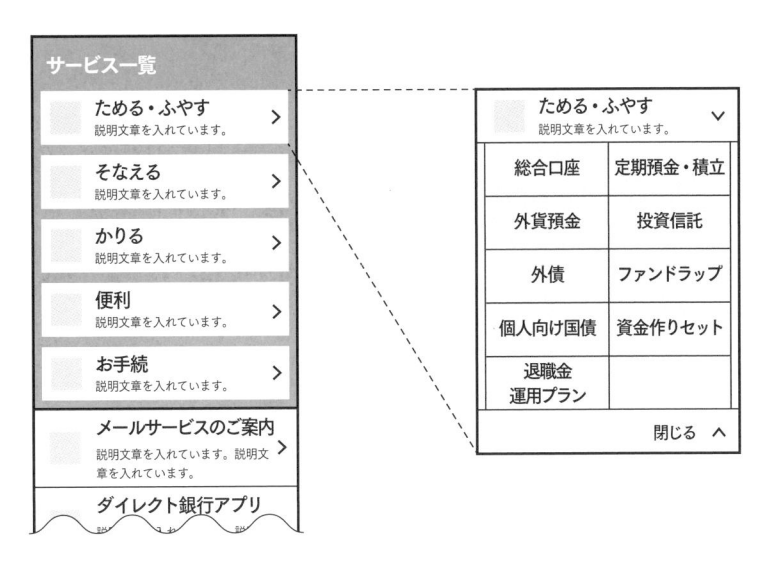

図2 サービスをチャンクで分類した例

レスポンシブデザインワークフロー

Stephen Hey氏の著書「Responsive Design Workflow」では、「余計なものをそぎ落とす」ための具体的な進め方（ワークフロー）を紹介しています。

レスポンシブデザインワークフローの10ステップ

1. コンテンツインベントリを作成する（洗い出す）
2. ワイヤーフレームを作成する（構成のアタリをつける）
3. 文章構造を設計する（テキスト原稿を用意する）
4. 直線でデザインする（表示順を整理する）
5. ブレイクポイントを設定する
6. ブレイクポイントごとのスケッチを作成する
7. HTMLでプロトタイプを作成する
8. プロトタイプのスクリーンショットを作成する
9. 検証後に再度スクリーンショットを作成する
10. 成果物として整理する

このワークフローはレスポンシブデザインを前提したタスクが含まれており、ブレイクポイントの設定やインブラウザ **参考2** によるHTMLプロトタイピングまで含まれています。このうち、4の「直線でデザインする」ことで表示順を整理するタスクがありますが、コンテンツの優先順位づけをするうえで非常に重要なタスクと見ることができます。

参考2 **インブラウザ** Webブラウザ上での作業を指す場合に使う。とくにレスポンシブデザインのデザイン作業は、ブラウザ上で完結するため、「Designing in Browser（デザイニング・イン・ブラウザ）」と呼ばれる。

コンテンツ移行計画

ワークフローの一番はじめにもあるコンテンツインベントリは、すでに持っている資産（コンテンツ）の棚卸です。プロジェクトにおいてのスコープ設定はもちろん、レスポンシブ対応をしない場合にも有効です。ここで重要になるのがコンテンツ一覧であり、コンテンツ構造（ストラクチャ）です。下図はコンテンツの移行計画資料の例です。Webサイトやアプリのコンテンツ構造に関する指示と、画面表示に関する指示とがあります。

ID	サイトストラクチャ			旧サイトカテゴリ	レスポンシブ対応	移行方法	新URL	旧URL	差分管理
C1000	トップ			トップ	○	新規	http://	http://	MMDD 更新
C1100		キャンペーン		イベント	○	HF差替	http://	http://	
C1110			キャンペーンA	イベント	○	新規	http://	http://	
C1120			キャンペーンB	イベント	－	新規	http://	http://	
C1200		キャンペーン		商品情報	○	新規	http://	http://	MMFF 更新
C1210			商品カテゴリA	商品情報	○	HF差替	http://	http://	
C1220			商品カテゴリB	商品情報	○	新規	http://	http://	

表1 コンテンツ移行計画資料の例（コンテンツインベントリ）

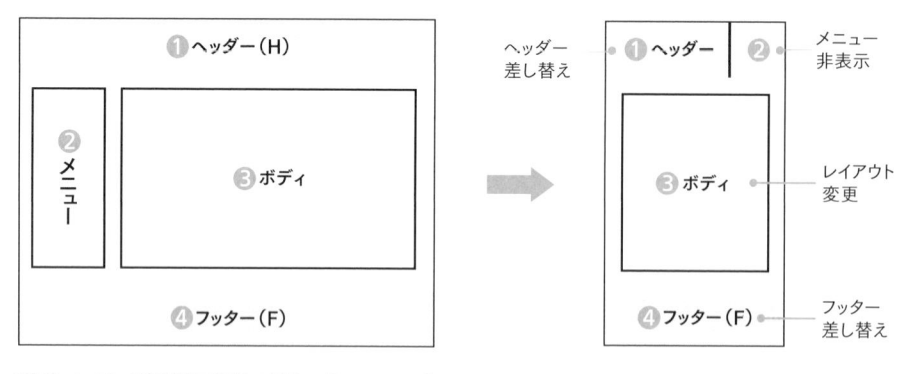

図3 コンテンツ移行計画資料の例（ワイヤーフレーム）

コンテンツ設計の原則

コンテンツ構造およびその表示順には編集方針が必要です。デスクトップサイトのコンテンツ構造をそのままモバイルサイトに移行する場合でも、画面の表示面積は異なるため、どこかで編集が必要になります。その際に重要となるのが次の3つの原則です。

モバイルにおけるコンテンツ設計方針

1. シングルカラムで構成する
2. 小さい画面で表示順序は、優先順位に比例する
3. 配置換え・隠す・削除するなどの編集が重要

1点目は、比較的画面サイズの広いデスクトップサイトで複数カラム 参考3 があったコ

参考3 　カラム　カラムとは列や段という意味で、たとえば3カラムだと3列で構成されたレイアウトの意味。Excelなどでの縦方向に並ぶセルを指す。

ンテンツでも、モバイルサイト向けに再構成するにはカラムをなくし1カラムで構成することを意味しています。複数カラムがあるものを1カラムにするようなその変更には方針が必要になります。

次に、モバイルサイトで利用する際にコンテンツ量が多ければ、縦向きにスクロールすることが必要になります（もちろん縦向き以外もあります）。そのためデスクトップサイトで左右にレイアウトされたコンテンツも縦の表示順序に変える必要があります。

最後に、表示方法も検討材料のひとつです。ただし、デスクトップサイトで扱っている情報のすべてをモバイルサイト向けにも保持する必要があるのか、などのマーケティング方針を先に検討する必要があります。コンテンツの表示方法には、配置場所の変更（置き換え）や、表示を一時的に非表示にする（隠す）、特定デバイスでは扱わない（削除）などを検討材料に入れることが大切です。

コンテンツストラテジーとマーケティング

メール配信やSNSなどを活用したコンテンツ配信に注力し、主に見込み顧客に対してマーケティング活動をすることを「コンテンツマーケティング」と呼びますが、どんな人に・どういうコンテンツを・どのように提供するかを計画することはコンテンツストラテジー（コンテンツ戦略）の基本です。

次の図のように、コンテンツ策定に必要なステップを実践することで、ユーザーとコンテンツとをマッピングすることができます。

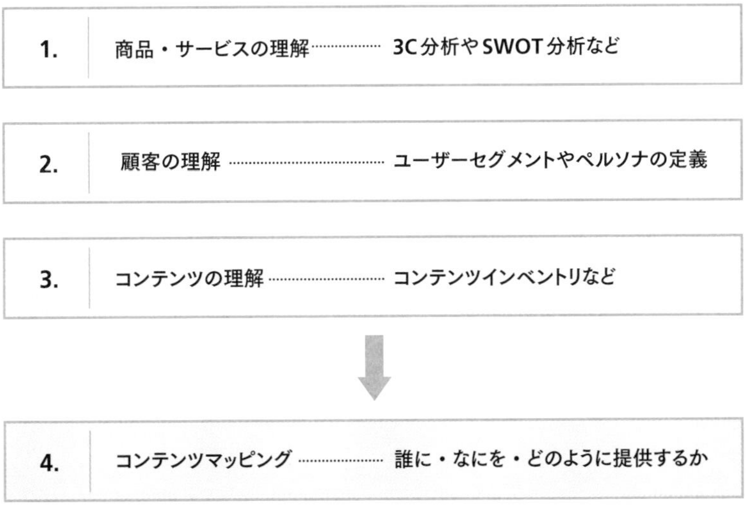

1. 商品・サービスの理解 …………… 3C分析やSWOT分析など
2. 顧客の理解 …………… ユーザーセグメントやペルソナの定義
3. コンテンツの理解 …………… コンテンツインベントリなど
4. コンテンツマッピング …………… 誰に・なにを・どのように提供するか

図4 コンテンツストラテジー策定ステップ

> Chapter

4-2 検索パターンとナビゲーションの関係

情報を見つけるにはさまざまな方法があります。手で持つことの多いスマートフォンはすぐに調べたい場合にとても便利です。モバイルデザインにおいて、検索のデザインパターンと目的を達成する手段について理解する必要があります。

検索行動パターン

検索はあくまで手段のひとつです。「知らないことを調べる」「理解するために情報を探す」などの動機があり、最終的には人に伝えるなどのリアルも含むアクションにつながります。検索における行動パターンとは、目的の情報を探索するステップや発見する際の流れを指します。検索入力（リクエストを要求する）から検索結果を表示し、目的の情報にたどり着くのが理想です。そうして人々は学習し成長をします。もう一度同じ調べ物をする場合には、前よりも効率のよい探し方を見つけ出します。したがってユーザーの求める結果に導ける仕組みが重要になります。

図1 検索におけるユーザー行動パターン

図2 音声入力による検索（Midomi SoundHound）

テキスト入力以外の検索方法

鼻歌を歌って曲を検索するMidomi[参考1]のアプリは、音声入力における検索方法の代表例です。iOSに標準搭載されたSiriをはじめ音声入力により検索方法は、テキスト入力の代替手段としてもGoogleのアプリを中心に搭載されています。

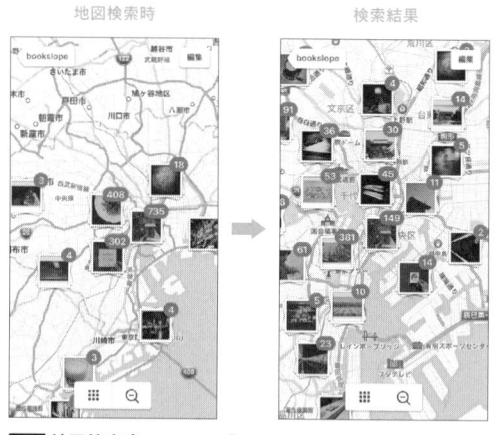

図3 地図検索（Instagram）

[参考1] Midomi　iPhoneやiPadなどで音楽を聞かせることで、その曲の曲名やアーティスト名などを検索してくれるアプリ。なお、アプリ名を「Midomi SoundHound」と変更している。http://www.soundhound.com/soundhound

音声以外にも、位置情報を自動で取得することで検索範囲を指定する場合もあります。地図を使った検索では段階的に縮尺を変更することで検索範囲を指定してドリルダウンすることができます。

検索におけるデザインパターン

Peter Morville氏の書籍「検索と発見のためのデザイン」には検索におけるデザインパターンのうち、次の10パターンを取り上げています。これらのパターンをユーザーの目的に合わせて組み合わせる必要があります。

1. オートコンプリート	入力中に入力候補を表示する
2. ベストファースト	最優先の検索結果を表示する
3. 横断検索	複数の情報源から結果を表示する
4. ファセットナビゲーション	柔軟に検索対象を指定できる
5. 詳細検索	複雑な検索条件を指定する
6. パーソナライズ機能	利用者の利用状況などをもとに検索結果を表示する
7. ページネーション	検索結果の表示を分けて表示する
8. 構造化された結果	検索結果を構造化して表示する
9. アクション可能な結果	検索結果にアクション機能を表示する
10. 統合的発見	複数のモードを検索結果にまとめて表示する

表1 検索におけるデザインパターン

定番「オートコンプリート」

オートコンプリートとは、ユーザーが検索ボックスにテキストを打ち込むにつれて、自動的にキーワード候補が表示されることです。これにより文字入力にかかる時間を短縮することができ、誤入力(スペルミス)を防ぐことができます。モバイルにおいては、画面の小ささもあり入力するためにはソフトウェアキーボードを表示するため、少ないタイプ数で入力候補を表示するオートコンプリートは定番機能とされています。なお、関連データなどを表示するオートサジェスト 参考2 の機能とは分けています。

横断検索とファセットナビゲーション

横断検索はカテゴリー別やサイト別など、横断する範囲はさまざまです。それらを柔軟に検索するためにはファセットナビゲーションと呼ばれる、さまざまな検索範囲を指定できる方法がもっとも有効です。この検索の特長は、検索範囲(条件)を指定しなおすことが容易にでき、同一画面内で行えるためさまざまな検索結果を試すことができる点です。

サムスンのモバイルサイトの例では、検索ワードが含まれるサイト内のカテゴリを表示しています。すべてチェックされた状態で結果を表示しているため検索結果数がもっとも多いことがわかります。

図4 ファセットナビゲーション (Samsung.com)

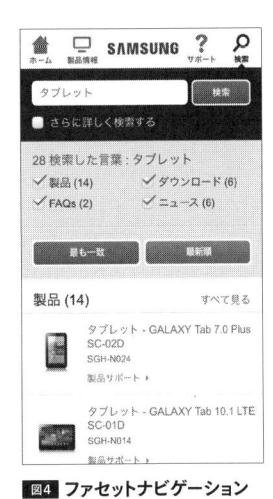

参考2 オートサジェスト　キーワード入力時に、関連キーワードを自動表示する機能を指す。これに対し、入力補助として履歴をもとに次のキーワードを表示することを「オートコンプリート」と呼ぶ。

チェックを外すたびに検索結果数が絞り込まれるため、必要な情報を少ない件数から探しやすくされています。

デバイスによる違い

ファセットナビゲーションは、デスクトップサイトで多く実装されていますが、モバイルサイトにおいてはその検索条件の数は表示面積とも比例して検討する必要があります。

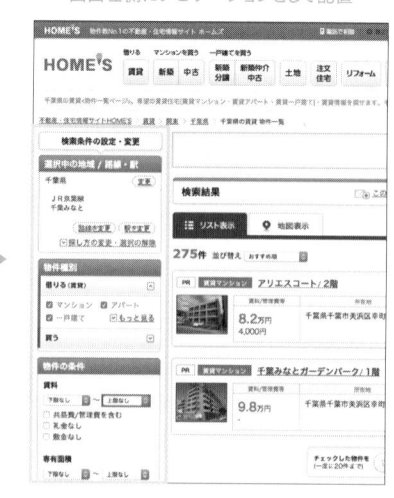

図5 デスクトップサイトのファセット検索（HOME'S）

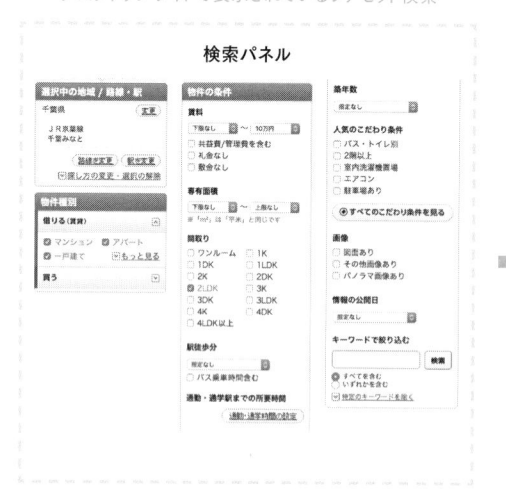

次の例は、デスクトップサイトで実装されなファセットナビゲーションが、モバイルサイトやアプリではどのように表示されているかを並べた例です。同じサービスでもデバイスによって検索項目が異なります。理由はどうあれ、どういうデバイスにどのような検索条件が重要なのか、単純にデスクトップサイトと同じものを用意したからといって、同じ効果が見込めるかどうかは、モバイルの利用状況を理解したうえで検討する必要があります。

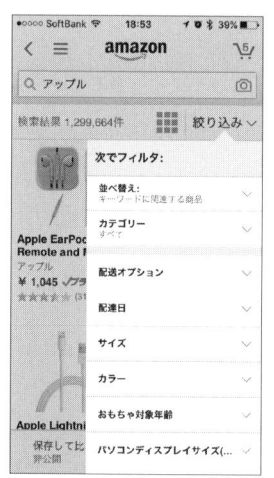

図6 モバイルサイト（左）とアプリ（右）のファセット検索（Amazon）

求められる検索性

デスクトップサイトからモバイルサイトやアプリに適応するためのコンテンツ編集と同じように、ファセットナビゲーションにおける項目の編集もまた必要になります。検索システムを導入する際には、そうしたファセット性に加えて横断性と高速性に留意する必要があるからです。

ファセット性	最初からやり直しや行き来を要せずに、検索範囲を柔軟に指定できること
横断性	すべてを対象とした検索が可能であること
高速性	1秒以内の応答時間を実現すること（そのための投資をすべきである）

表2 検索ソリューションにおける3つの性質

とくに「高速性」については、デスクトップサイトで使用する検索エンジンをそのままモバイルでも使用する場合には、応答時間の速度について検証する必要があります。検索結果画面がモバイルに適用できていない場合や、目的のコンテンツがモバイルに適用できていない場合など、検索行為自体がモバイル環境では不完全な場合がまだ多くあります。

モバイルで拡張する検索ナビゲーション

SNSなどのアプリでは、投稿時にさまざまな形式(テキストや写真やビデオなど)を選ぶことができますが、それらの形式ごとの検索はほとんどできません。デスクトップサイトであればある機能もモバイルではないこともあります。たとえば、過去に自分が投稿した写真だけを調べようと思ってもその方法はありません。

そうした点を解消しているのは、Pathのアプリです。このアプリでは過去のデータをさまざまな形式で関連づけているため、特定の時期や場所や関連する友達ごとに検索が実行できます。そうすることで、過去に投稿した写真だけを見たり、友達の投稿だけを見ることができます。

図7 検索例（Path）

データを蓄積するこれらのサービスでは、データの管理と同様に、蓄積されたデータをどのように活用できるのか（どのようにユーザーは検索したいか）という点でも検討していくことが必要です。

> Chapter

4-3 プロトタイピングという可視化

モバイルサイトやアプリのデザインに取り組むには、さまざまな情報の中から最適なものを選択していく過程が重要です。プロトタイピングを活用することで、事前にアイデアを提示したり関係者の意見を募ったりしながら、デザイン活動を進めていくことができるからです。

2つのプロトタイピング

プロトタイピング 参考1 には、モバイルデバイスに関わるプロダクト視点と、それを利用するストーリーの視点とがあります。書籍「モバイルフロンティア」では前者を「戦術的プロトタイピング」、後者を「体験的プロトタイピング」と説明しています。プロトタイピングと聞くと主に製品の試作品を想像するのでプロダクト視点になりがちですが、モバイルサイトやアプリにおけるプロトタイピングにはこの2つの側面があります。

ストーリー視点	ストーリーボードを使用、即興劇などで演じる
プロダクト視点	プロトタイピングツールを使用、実際に操作をする

表1 2つのプロトタイピング

シナリオの重要性

2つの側面があるプロトタイピングですが、どちらにもシナリオが必要になります。まず「誰が・なにを・どのように」提供するかという、前提を揃える必要があります。それらを揃えることで、アプリやWebサイト（もしくはサービス）をどのように使ってもらうかを関係者間で想像しやすくするためのツールになります。

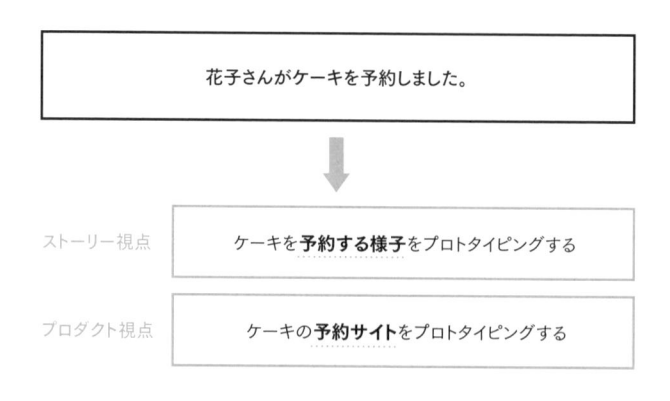

```
花子さんがケーキを予約しました。
            ↓
ストーリー視点   ケーキを予約する様子をプロトタイピングする
プロダクト視点   ケーキの予約サイトをプロトタイピングする
```

図1 ストーリー視点とプロダクト視点

参考1 プロトタイピング　製品やシステムの開発手法のひとつ。試作品（プロトタイプ）を早い段階からユーザーに利用してもらい、検証を反復することで、ユーザー側の要望をより反映させたものを進めていく手法のこと。

シナリオからジャーニーマップへ

シナリオとしてユーザーや利用シーンが書けてくると、それらを要素分解することでジャーニーマップを作成することができます。ジャーニーマップとは、Chapter5で詳しく取り上げるように、ユーザーがゴールを達成するまでの空間や時間を「旅における一連の経験」として視覚化したものです。ストーリーとして文章に起こすか、要素を分解して整理するかといった点が異なります。

- 笠原さんは、友人から講演を頼まれたので講演の準備をすることになった
- 講演で使用するスライドを自分で作ろうと思ったが、わかりやすい写真がないか、自分でも調べてみた
- いい写真がなかなかないので、スライド作成が期日まで間に合わなさそう
- ようやく完成したスライドを事務局に提出して、来週の講演に備える
- 学校に到着し、公会堂ではじめての講演。生徒は50人以上はいたので盛況だった
- 講演も無事終わり、講演資料と合わせて友人にお礼を伝えた

図2 ストーリーの例

ペルソナ	笠原さん	●目的：講演すること		●ニーズ：わかりやすい写真を自分で探す		
ステージ	準備開始	素材検討	スライド作成	スライド完成	講演	共有
行動シナリオ	笠原さんは、友人から講演を頼まれたので講演の準備をすることになった	講演で使用するスライドを自分で作ろうと思ったが、わかりやすい写真がないか、自分でも調べてみた	いい写真がなかなかないので、スライド作成が期日まで間に合わなさそう	ようやく完成したスライドを事務局に提出して、来週の講演に備える	学校に到着し、公会堂ではじめての講演。生徒は50人以上はいたので盛況だった	講演も無事終わり、講演資料と合わせて友人にお礼を伝えた
場所	外	自宅	自宅	自宅	学校	自宅
デバイス	スマートフォン	PC	PC	PC	PC	スマートフォン
関係者	友人	—	—	—	生徒	友人
感情曲線	期待に応える！	いい写真ないかな？	間に合わない！		はじめてで緊張する！	友人にお礼！

図3 ジャーニーマップの例

この例は、文章で書かれたシナリオをジャーニーマップに要素を分解したものです。ジャーニーマップの構成要素は、そのサービスを利用する具体的なコンテンツ名や要件を書き記すフォーマットで整理されています。

文章で理解してもらうには、はじめから読むことが必要になりますが、ジャーニーマップのような可視化されたツールであれば必要な情報だけを見つけやすくなります。そのため、次の工程に必要な情報が何で、誰が使用するものなのかを理解しておくことが大切です。

目的／ニーズ	ユーザーの目的やニーズ	該当サイト	シナリオで利用されるコンテンツ
ペルソナ	ユーザー	サイト要件	サイト要件として必要な条件
フェーズ	ストーリーのステップ	関係者	シナリオに出てくる人々
シナリオ	フェーズごとのストーリー	その他行動	他メディアなどでの行動

図4 ジャーニーマップの構成要素の例

なお、シナリオとしての文章の表現力は、プロトタイピングとしてのアウトプットにはそれほど必要はなく、シナリオ（ストーリー自体）が最終成果物になる場合やプレゼンテーションをする場合にのみ重要となります。そのため、次の工程にどのように使用されるのかを見極めて取り組む必要があります。

ストーリーボーディング

ストーリーを伝達しやすくするためのプロトタイピングは、主にストーリー（5W1H）を分解していくつかの要件に落とせるよう進めることを指します。したがって、どのような要件に落とす必要があるのかをフォーマットで理解しておくことが重要です。下の例では、主にシナリオからアクションを導き出すことで機能要件につなぎ、インターフェースによるラフスケッチからフロンドエンドに関するUI要件につなぎます。このように、ストーリーボードの目的は、機能要件およびUI要件につなげるためのプロトタイピングと理解することができます。

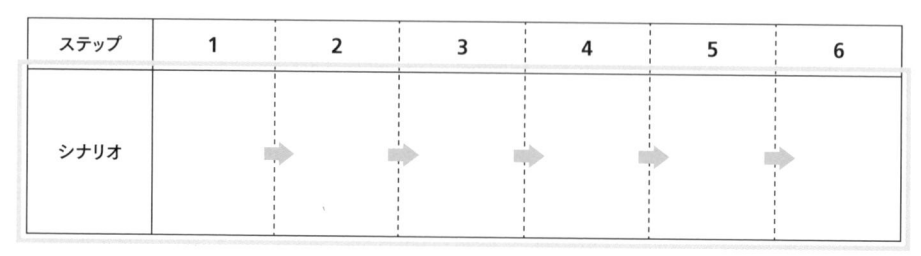

ステップ	1	2	3	4	5	6
シナリオ	→	→	→	→	→	→

シナリオで出てくるアクションをワイヤーフレーム（ラフ）に起こす

ワイヤーフレーム（ラフ）	📱	📱	📱	📱	📱	📱

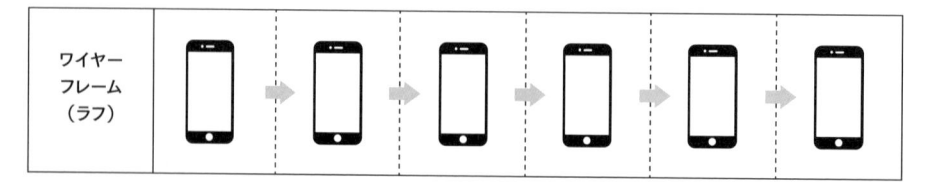

図5 ストーリーボードのフォーマットの例

ストーリーテリングと即興劇

体験におけるストーリーテリングとは、プロダクトをただ提示するだけではなく、そのプロダクトにまつわる体験をストーリー（物語）にして語ることで、開発の思想や想いを相手に伝達しやすくすることができる技術です。さらに、語るだけではなく即興劇などにして演じること（アクティングアウトとも呼ばれる）で、プロダクトにまつわる人やその想いや利用背景などを想像しやすくすることができます。

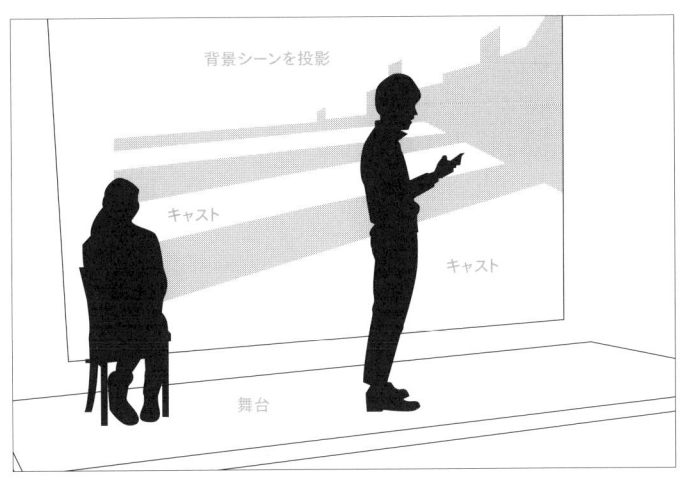

図6 即興劇（アクティングアウト）の風景

コンセプトビデオ

コンセプトメイキング時に、サービス（Webサイトやアプリ）の利用シーンを1本のビデオにして紹介することがあります。最近ではスタートアップ企業などを中心に、リリースの時には、大々的な広告を打つ代わりにプロモーションビデオを公開してSNS上で伝播する仕組みを活用しています。

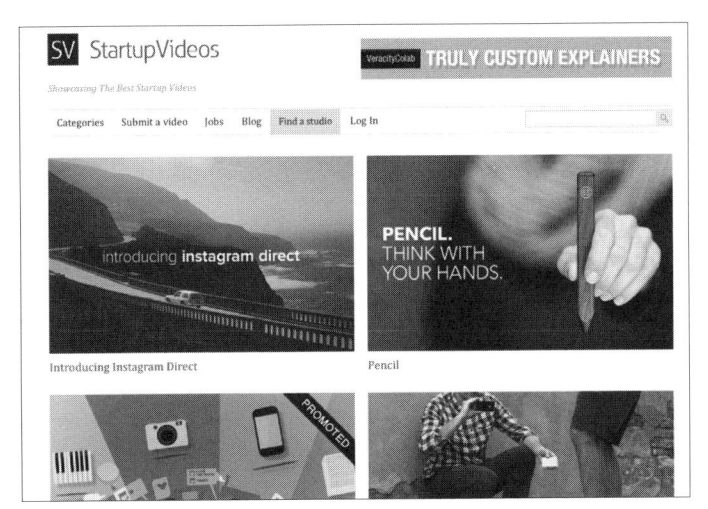

図7 スタートアップ企業のプロモーション動画集（Startup Videos 参考2）

参考2　Startup Videos　スタートアップ企業のサービス紹介などの動画を集めたギャラリーサイト。560本以上もある動画のクリエイターがわかり、新しいサービスを見つけることができる。http://startup-videos.com/

プロタイピングツール

プロダクト（モバイルサイトやアプリ）のプロトタイピングツールにはさまざまものがあります。それらのツールは忠実度（fidelity）参考3 という尺度で分類することができます。また、ビジュアル性を重視する場合と機能性を重視する場合など、目的が異なる場合には最終的に求められる要望も変わってくるため、「誰が使うのか・何のために使うのか」といった目的を定めたうえで、プロセスに組み込む必要があります。

忠実度	タイプ	ビジュアル性	機能性	利用ツール
低	スケッチプロトタイピング	低	低	ラフスケッチなど
↑	ペーパープロトタイピング	中	中	ワイヤーフレームなど
↓	プレゼンテーションプロトタイピング	高	中	ビジュアルサンプルなど
高	インタラクティブプロトタイピング	中	高	HTMLなど

表2 プロトタイピングツールの種類

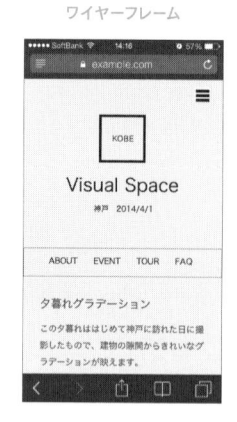

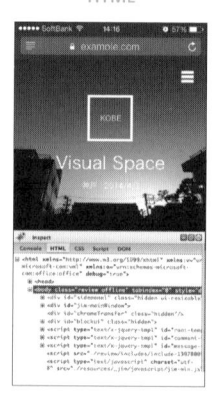

図8 利用ツールの例

上の表にあるとおり、どこまで忠実度が必要かによりアプローチが変わってきます。とくに機能性の忠実度という点では、付属のステンシル（画面パーツ類）を組み合わせて、ワイヤーフレームを作成するハイエンドなツールと、手描きのスケッチをスマートフォンのカメラで撮影し、画面フローを再現するツールとに分かれます。また、これらはクラウド環境に保存され、バージョン管理の機能もあるため、更新が多い場合にも個別に対応をすることができます。

また、こうしたツールが増えていくにつれて、開発環境もマルチデバイス対応となっていくため、実際にユーザーが目にする前に比較的忠実度の高い製品が作れます。

ワイヤーフレームを作成	AxureRP、Justinmind、UXPin、Cacoo
スケッチしたものを撮影	POP、Flinto、Marvel、Prott

表3 プロトタイピングツールの種類

参考3 忠実度　この場合の忠実度とは、最終成果物に対しての忠実度を指す。画面設計においては、画面内にある要素の網羅性やラベルなどの正確さなどの意味で用いることが多い。

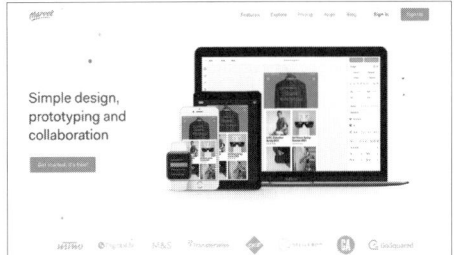

図9 プロトタイピングの代表的アプリ

一方で、スケッチではなく描画ツールなどを使って最終的に目にするビジュアルデザインを作成し、こうしたプロトタイピングツールと連携して開発する場合もあります。その場合、ビジュアルデザインのファイル自体をWeb共有フォルダ（Dropboxなど）で管理し、プロトタイピングツールで読み込み編集します。代表的なサービスであるInVisionでは、ビジュアルデザインをSketchで作成し、その編集ファイルをDropboxに配置することでInVision上で直接読み込み、クリックや画面遷移などを編集することが可能です。

このように、ビジュアルデザインの作成は専用ツールを使い、共有サービスを使ってファイルのバージョン管理を行ない、プロトタイピングツールを使って、ユーザーテストをするといった一連の工程が構築しやすくなってきたと言えます。

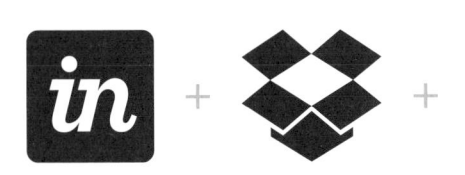

図10 プロトタイピングツールとの連携

> Chapter

4-4 デザイン原則の重要性

優れたデザインを繰り返し提供し続けられるようにするためには、デザインに関わるルールを作ることがもっとも早道です。しかし、デザインを新たに作り出すためには、デザインにおける思想や哲学を共有するところからスタートします。

デザイン原則とは

デザイン原則とは、最終的にユーザーに届くビジュアルデザインはもとより、デザイン活動全体における姿勢（思想や哲学）を原則として箇条書きにしたものです。デザイナーは、この原則に則ることによりデザインにおける心得および判断基準として理解することができます。企業が優れたデザインを繰り返し提供し続けられるようにするために、デザイン原則は非常に大切なものです。

「Googleのユーザーエクスペリエンス10箇条」は、2008年にGoogleのUXチームに所属するSue Factor氏がGoogle公式ブログで公開したものです。そこに書かれているのはビジュアルデザインの細かな指示ではなく、デザインに取り組む際の姿勢です。たとえば「赤色を使用する」といった方針ではなく、「なぜ赤色にする必要があるのか？」の理由にあたる部分です。

Googleのユーザーエクスペリエンス10箇条（2008年）

1. 役立つか／ユーザーに焦点を絞る
2. 速いか／ロードはミリセカンドでも速く
3. シンプルか／シンプルであることが最も効果的だ
4. 魅力的か／初心者に優しく上級者には魅力的に
5. 革新的か／技術革新にこだわる
6. ユニバーサルか／世界で通用するか
7. 利益が出るか／今日だけでなく明日のビジネスを計画する
8. 美しいか／視覚的なイメージは大切だ
9. 信頼できるか／人々の信頼を得る
10. 親しみがあるか／人間的な温かみを加える

企業理念との関係性

「なぜそのデザインにするのか？」という疑問に答えるには、必ずわけがあります。そのなかで、もっとも重要なのはその企業やブランドにおける「理念」からブレイクダウンされた思想です。実は、上記の「Googleのユーザーエクスペリエンス10箇条」はその後

参考1 Googleが掲げる10の真実　http://www.google.com/about/company/philosophy/

改訂され、以下のように変わりました。タイトルもユーザーエクスペリエンスへの言及から「Googleの理念」に変わっているのがわかります。

Googleが掲げる10の事実 参考1

1. ユーザーに焦点を絞れば、他のものはみな後からついてくる
2. 1つのことをとことん極めてうまくやるのが一番
3. 遅いより速いほうがいい
4. ウェブでも民主主義は機能する
5. 情報を探したくなるのはパソコンの前にいるときだけではない
6. 悪事を働かなくてもお金は稼げる
7. 世の中にはまだまだ情報があふれている
8. 情報のニーズはすべての国境を越える
9. スーツがなくても真剣に仕事はできる
10. 「すばらしい」では足りない

「UX」とはあらゆる顧客との接点をデザインしていく場合によく使われる言葉ですが、それはつまり企業活動そのものを指した言葉であると同時に、そこに根ざす企業の理念こそが優れたユーザーエクスペリエンスを作り出す要因であることを表しています。このようにデザイン活動の方針を作るうえでは、企業理念を見直してみることが大切です。

サービスやプロダクトにおけるデザイン原則

企業理念からブレイクダウンしたうえで、サービスやプロダクトにおいてもデザイン原則が成り立ちます。Microsoftを例にした場合、新しいデザイン「モダンデザイン」参考2 についてのデザイン原則がまとめられ、具体的な方針としても「優れたユーザーエクスペリエンスをデザインする方法」としてまとめられています。

その中の項目である「八方美人にならないようにする」や「厳しく決断する」などは人と人とのコミュニケーションと同じ表現でもあるため、デザイナーも理解しやすくその思想をデザインに反映しやすくなっています。

Microsoft：モダンデザインの原則

- 作品へのこだわりを示す
- 軽快かつ柔軟
- 真のデジタル化を心がける
- より少ない要素でより大きな効果を上げる軟
- 全体で勝つ

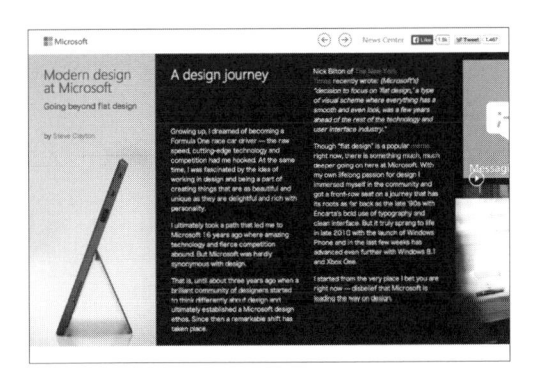

図1 Modern Design at Microsoft

参考2 モダンデザイン Microsoftが、Windows Phone/Windows 8のために刷新したUIデザインのスタイルを指す。大きなタイルやアイコン、タイポグラフィなどで構成され、一般的にはフラットデザインとも呼ばれる。

アプリにおけるデザイン原則

Googleが2014年に発表した「Material Design 参考3」は、AndroidOSなどに使われ同社のデザインシステムのことです。開発者はこのデザインシステムを活用することで、どのようにデザインをすればいいのかの指針がわかり、手元にテンプレートをダウンロードすることができます。直訳すると「素材のデザイン」となりますが、紙などのメタファを使ってユーザーにとってわかりやすい表現を目指しています。Material Designのゴールには古典的なデザイン原則を踏まえて技術革新などの可能性を、視覚的な言語に仕上げた言い回しがあります。さまざまなマルチプラットフォームで一貫性のある体験を提供するためのシステム基盤として非常に参考になります。

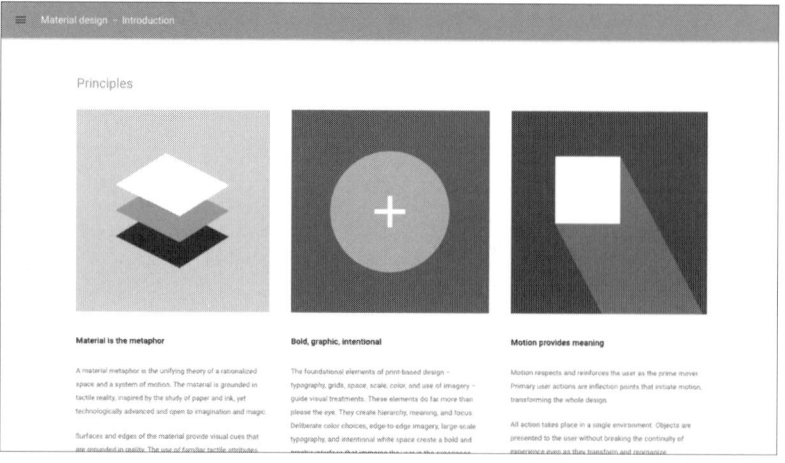

図2 Material Design (Google)

Material Design 3つの原則

1. Materialはメタファ（比喩）である
デザインのメタファ（比喩）にインクや紙といった素材を取り入れることで、ユーザーにとってわかりやすいデザインとします

2. 大胆に、生き生きと、意図的に
印刷のデザイン（タイポグラフィ、グリッド、スペース、カラーなど）のデザインと同様に考えることによって、ユーザーを視覚的にもわかりやすくします。色の選択や画像のエッジ、大きなタイポグラフィや意図的な余白などを活用します

3. モーションは意味を提供する
オブジェクトの動きを重要視します。動きによりユーザーに注目してもらい、ユーザーのアクションのキッカケとして画面やデザインの切り替わりをわかりやすくします。そうすることでユーザー体験を継続できるようにします

デザイン原則とガイドラインの活用

企業において、提供するサービスやプロダクトなどに関わるデザインを一貫性のあるものにすることは命題です。クロスチャンネルにおけるデザイン戦略の説明（Chapter3-1を

参考3　Material Design　Googleのデザイン言語システム。アニメーションやスタイル、コンポーネントやパターンなど、テンプレートまでダウンロードできる。https://www.google.com/design/spec/material-design/

参照）でも明らかなように、サービスやプロダクトを利用するユーザー視点で見た場合、各チャネルが個別ではなくひとつの体験の流れとしてつながります。

そうした体験をデザインしていくことにも「デザイン原則」が役に立ちます。GoogleのMaterial Designにある「視覚的なわかりやすさ」や「体験を継続できるようにする」とはアプリの中だけではなく、さまざまなサービスの利用状況にもあてはめてとらえることができます。

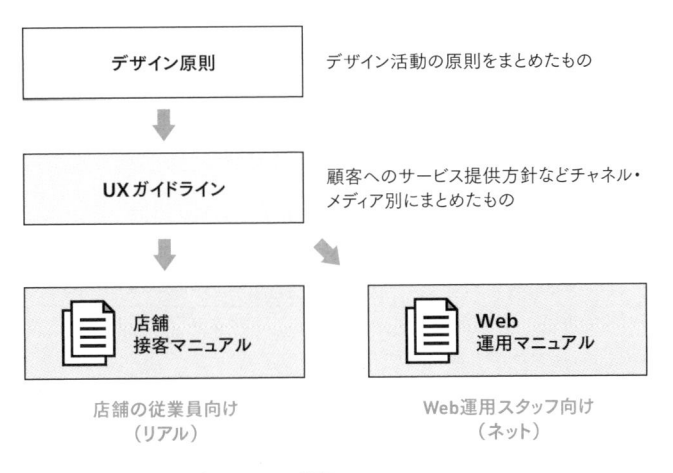

```
┌──────────────┐
│  デザイン原則  │   デザイン活動の原則をまとめたもの
└──────┬───────┘
       ▼
┌──────────────┐
│  UXガイドライン │   顧客へのサービス提供方針などチャネル・
└──────┬───────┘   メディア別にまとめたもの
       ▼
┌──────────┐   ┌──────────┐
│  店舗     │   │  Web      │
│ 接客マニュアル│   │運用マニュアル│
└──────────┘   └──────────┘
店舗の従業員向け    Web運用スタッフ向け
  （リアル）         （ネット）
```

図3 デザイン原則とガイドラインの種類

最近では、スマートフォン対応のガイドラインを進めていく中で、企業のデザイン原則を見直し、新しいデバイス向けへの対応指針をまとめる傾向が増えています。

デジタルコンテンツでの提供

企業においてガイドラインの更新もひとつの業務としてとらえる必要があります。そのため更新のしやすさを考慮してHTMLベースで管理する場合や、CMS開発をして対応を進めている企業も少なくありません。

ガイドラインやマニュアルとは、文書でファイリングされているものという想像をしがちですが、最近ではそうしたデジタルコンテンツをタブレットデバイスでいつでも見ることができるようにしている例があります。

即時性が求められる業務において、更新が滞ってしまいがちな紙での配布よりデジタルデータで配布できるようにすることで、更新もすぐに行なえるメリットがあります。また業務上デスクにいないサービスの場合には、タブレットデバイスなどで対応できるようにする傾向も増えています。近年、航空会社のCAやレストランのレジ、お店の販売員の方がタブレットやスマートフォンで接客している風景は新しくなくなってきました。

> Chapter

Practice 実践

4-5 プロトタイピングツールの使い方とは？

プロトタイピングツールとは、試作品を作るためのツールを指します。手描きのスケッチからオンラインツールまでさまざまありますが、目的に合わせた使い方とよくある課題について理解していきましょう。

陥りがちな問題

プロトタイピングはあくまで途中の成果物になります。ツールを使うことで最終品に近い状態は作れますが、その完成度の高さから、そもそもの目的や以降の工程を無視してしまう可能性があります。

よくある課題

そうした問題を解決するうえでいくつかの課題があります。

1. なにから始めたらいいかわからない
2. ツールで何でもできると誤解してしまう
3. プロトタイプを活かせない
4. 関係者との協働作業がうまくいかない

これらの課題は、本来プロジェクトのゴールに向けて活用するプロトタイピングをあたかもそれだけで完成品としてとらえてしまった場合に起きる課題です。試行錯誤をして進めるデザインプロジェクトにおいて、プロトタイピングはさまざまな目的や使い方が存在します。それぞれの目的に合ったツールを選ぶとともに、プロジェクトのゴールに向けた取り組みを効率化する目的でとらえることが大切です。

背景

これらの課題の背景には、Adobe PhotoshopまたはHTMLでできたデザインがあたかも最終品であるかのような完成度を持ったため生じた課題と見ることができます。一方で、SNSなどを筆頭に一般公開した後も「ベータ版」と称する場合が増えたことにより、完成品ではないが完成品とみなすといった受け手側の見方の変化もあると考えられます。

プロトタイピングに時間がかかりすぎると、本来の後工程にあたるテストや開発自体のスケジュールに大きく影響が出ます。そのためには、必要最低限の検証を念頭にプロトタイピングを計画する必要があります。

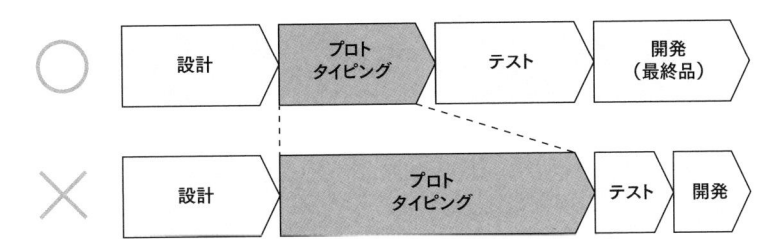

図1 プロトタイピングとスケジュールの関係

解決の糸口

早期に取り組むとは、アイデアを構想する段階から始まります。スケッチするためのツールは、ペンと紙さえあればいつでも取りかかることができます。またツールはあくまでも効率化をするための手段に過ぎませんので、ツールを使うことでかえって効率が悪くなるようであれば見直す必要があります。

プロジェクトを進めていくためには、どのタイミングで何をするのか、それらがどのように影響を持つのかを合わせて検討する必要があります。プロトタイピングツールを使うには、完成度の高さを意識するのではなく、タイミングや工程を意識したうえで、どのような課題を解決するのかを見極める手段として取り組む必要があります。

1. なにから始めたらいいかわからない ▶ アイデアを描くスケッチから始めてみましょう
2. ツールで何でもできると誤解してしまう ▶ 仕事効率化のための道具（手段）として考えましょう
3. プロトタイプを活かせない ▶ プロジェクトにおける役割を理解して取り入れましょう
4. 関係者との協働作業がうまくいかない ▶ 前後の工程がスムーズに進むための工夫をしましょう

したがって、プロトタイピングに取り組むときにはあらかじめ検証したい問題があり、その問題を解決することが結果として得られるものになります。

[Knowledge 関連知識]

ナプキンスケッチ

ファストフード店などでよく見かけるペーパーナプキンに、アイデアを忘れずにスケッチすることから「ナプキンスケッチ」と呼ばれています。細部にこだわらないで方向性だけを示すそのやり方は、プロトタイピングに限らずアイデアを目に見えるカタチにするアプローチとしてたびたび注目されます。とくに、プロダクトやサービスを企画する初期段階や、複雑な問題を解決するための手がかりを検討する際に有効です。

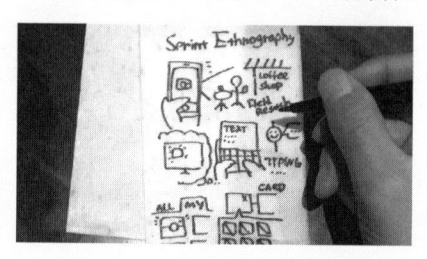

ふとした瞬間に浮かんだアイデアを忘れずにスケッチすることは、なかなか難しいことです。思いついてもすぐに忘れてしまいがちです。アイデアが生まれる場所としては「4B」と言われていますが、アイデアを消えないようにためにもスケッチする習慣が大切です。

Bath	入浴中（心身ともリラックスしている時）
Bus	移動中（バスにかぎらず移動時）
Bed	就寝中（ベッドの中や寝入り時）
Bar	食事中（食べたり飲んでいる時）

表1 アイデアが浮かぶ場所「4B」

専用のスケッチノート

スケッチを描くときのノートは何を使えばいいでしょうか。主にWebサイトやアプリの設計に携わっている方には、専用のノートを使うことをおすすめします。RHODIAやMoleskineでももちろん構いませんが、最近ではデスクトップブラウザのほかにスマートフォンのフレームだけが印字されたものが販売されています。

スケッチのあとに写真を撮影してプロトタイピングツールを使う場合、スマートフォンの画面サイズに合わせた印字がある専用ノートはとても助かります。写真を取り込んだときにムダなトリミングをする必要がありませんので、そのままプロトタイピングツールで編集することが可能です。

Responsive Sketch Pad
レスポンシブ対応用

Browser Sketch Pad
デスクトップブラウザ用

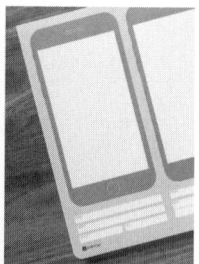

Mobile Sketch Pad
スマートフォン用

図2 UI Stencils
http://www.uistencils.com/

プロトタイピングのパーツ

プロトタイピングツールでアイデアを具現化していく作業は「0から1」を作ることにも似ています。アイデアはスケッチからはじまりますが、ツールを使うときには、さまざまなコンポーネントやデザインパターンを知っておくこともが大切です。

UXPinのUXPornや、Proto.ioなどのツールではコンポーネントやパーツを別サービスにして販売しています。古くはOmniGraffleやBalsamiqでも同様にステンシルの販売がありましたが、最新のデザイントレンドをパーツとして販売することで、そのデザインを採用したいと考えているデザイナーにとってたいへん重宝します。

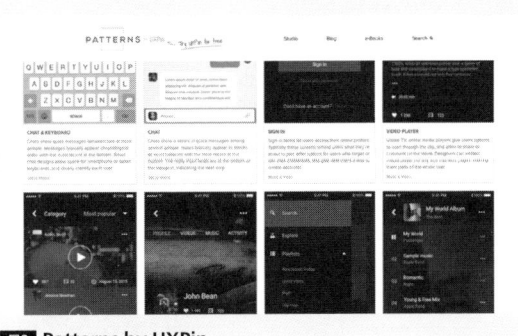

図3 **Patterns by UXPin**
http://studio.uxpin.com/patterns/

いち早く最新のデザイントレンドを採用しプロトタイピングを行うことで、より最終品に近い完成度にすることができます。

利用イメージとの組み合わせ

プロトタイピングは検証を行うための目的がありますが、最終的にできあがるものは正真正銘のプロダクトになります。実際にユーザーが使っている状況を再現することはできません。こうした利用イメージを再現することに特化したサービス「Placeit」とプロトタイピングツール「Marvel」とが協業をしたもので利用イメージにプロトタイプを組み合わたサービスがあります。

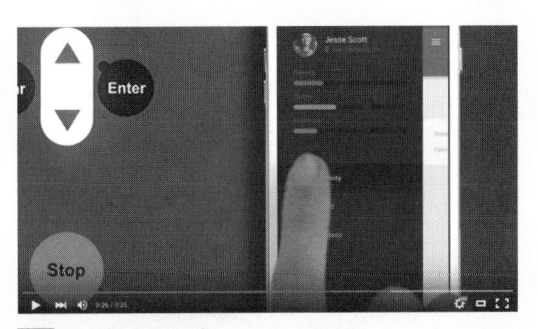

図4 **Placeit x Marvelapp**
http://blog.marvelapp.com/send-marvel-prototypes-to-placeit-video-mockups/

一枚のデザインがあれば、利用イメージの背景写真を選びはめ込んで合成してくれるサービスです。プロダクト単体では利用イメージがわかりにくいといった場合に効果を発揮します。アクティングアウトのように実演してプロトタイピングするよりも手軽に利用イメージを作ることができます。

Q ▶ なにから始めたらいいか
わからない
......
よくある課題

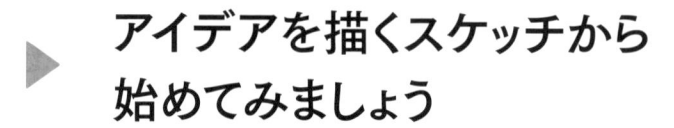

A ▶ アイデアを描くスケッチから
始めてみましょう
......
解決方法

前提

アイデアというと、奇抜な発想やこれまでにないすばらしいものを想像しがちですが、思いつきや着想という意味もあります。ただそのアイデアは、頭に思い浮かんではすぐに消えるためナプキンスケッチのようにその場で具現化（この場合はスケッチ）することが大事だと言われています。世の中にあるすばらしいサービスやイノベーションもこうした小さなアイデアから生まれています。

プロトタイピングといっても、1枚のスケッチからパラパラ漫画のように数種類を並べたもの、画面設計書や専用ツールで最終品のようにシミュレーションできるものまであ

図5 スケッチでアイデア出しを行う

ります。どのような製品やサービスかを考えるときには、まずスケッチをしてみて自分が考えていることを具現化してみることをおすすめします。アウトプットすることで、想像と違ったことや新たな気づきが得られるはずです。

スケッチには明確なルールはありません。ただ、あとでそのアイデアを振り返ることができるよう日付やキーワードを添えたり、関係者と共有できるようデータに残しておくと便利です。また、きれいに描くことが目的ではありませんので、時間をかけすぎないようにしましょう。

プロトタイピングを進めることとは、スケッチをして具現化する（アウトプットする）ことから始まります。漠然とした思いつきをスケッチするだけでも、後ですぐに忘れてしまうリスクを考えると、そのときにアウトプットしておくことはとても重要です。

ヒント

試すことは、試行錯誤そのものを指します。ただし、そのために時間をかける必要はありません。プロトタイピングをはじめるには、スケッチから始めて（早い段階で）試行錯誤を繰り返すことです。

進め方のイメージ

プロトタイピングは、具現化したものを検証する行為を指します。なにかを具現化したらすぐにアウトプットし共有することが大切です。UIなどのプロトタイピングでは、スケッチしてオンライン上で画面遷移をシミュレーションすることができるため、すぐに製品のイメージを共有することができます。

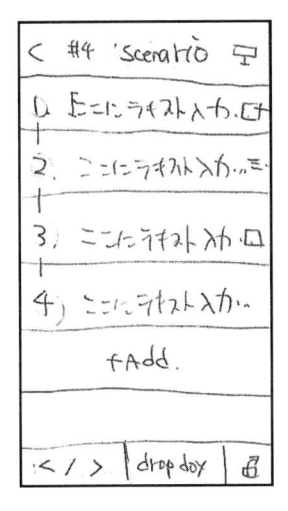

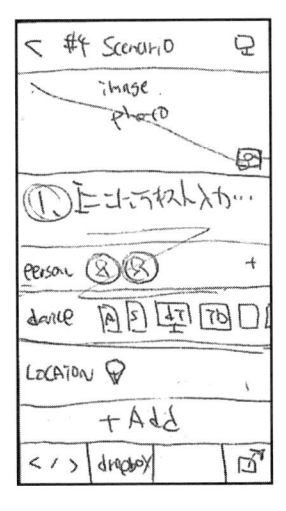

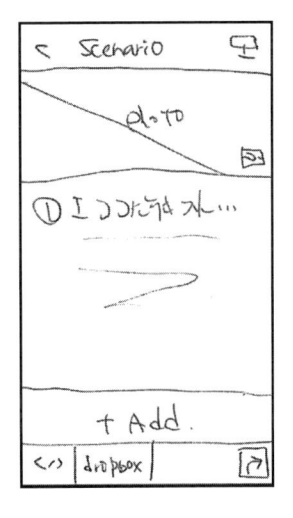

図6　筆者がモバイルデザインをスケッチしたもの

Q ▶ ツールで何でもできると誤解してしまう

よくある課題

A ▶ 仕事効率化のための道具（手段）として考えましょう

解決方法

前提

プロトタイピングをするために専用ツールを使うことがあります。繰り返しプロトタイプを使用する場合や、協働作業がしやすい場合などに有効です。一方で、そのツールでできないことがあっても、別のツールで解決する場合があります。このように、使用するツールの一長一短がわかってくると、使い分けをして作業効率をアップできます。

たとえば、スケッチしたものをカメラ撮影してシミュレーションする場合、スケッチは手描きのほうが、撮影はスマートフォンのカメラのほうが、シミュレーション機能のあるツールのほうが、別の手段と比較すると効率がいいことがわかります。手段を間違えてしまうと作業効率が悪くなり、時間もコストもかかってしまう結果につながります。

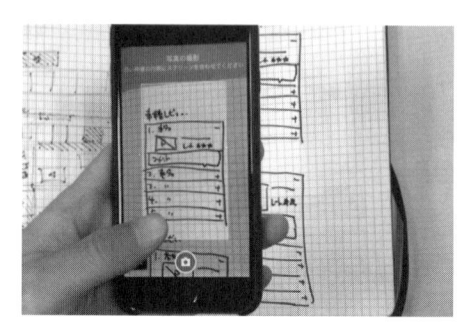

図7 スケッチを撮影してシミュレーションする（Prott）

作業効率	良い	悪い
スケッチ	紙とペンで描く	PCとマウスを使用して描く
撮影	手元のスマートフォンで撮影	一眼レフカメラで撮影
検証	すぐに検証可能なツール	検証がしにくいテスト環境

表2 作業効率の良し悪し

何の目的でどのような作業をするのか、それに合わせて適切なツールを選択し効率アップをすることが重要です。一度試してみて、検討の余地があればほかの手段かも試すようにしましょう。過去の手段やひとつの方法だけに縛られないようにして、自分にとって一番効率のいいツールを見つけることが大切です。

一見、すべての機能が含まれて便利そうなツールでも、それぞれの機能は別の方法でしたほうが効率がいいことはよくあります。たとえば、チャットの機能がついたオンラインツールを使用する場合でも、大切なやりとりは会議をしたほうがいい場合もありますし、ワイヤーフレームを作成するオンラインツールがあっても、ラフ段階では手描きのスケッチをしたほうが効率がいい場合もあります。

ヒント

ツールは、作業効率を上げるために使います。どのような作業を何の目的のために使うのかを見極めて、適切な手段としてツールを利用することをおすすめします。もし、ほかの手段があるのであれば積極的に試してみてそれと比較し、選択肢を増やすことも大切です。

進め方のイメージ

スケッチしたものを写真で撮影し、プロトタイピングツールに取り込んで画面遷移などをシミュレーションします。シミュレーションをしながら部分的に改善が必要であればまたスケッチに戻って写真を追加し、徐々に完成形に近づけていく方法です。最近のプロトタイピングツールでは、関係者とオンライン上で共有することができるため、遠隔でデザイナーとクライアントが別の場所にいる場合にも進めることができます。

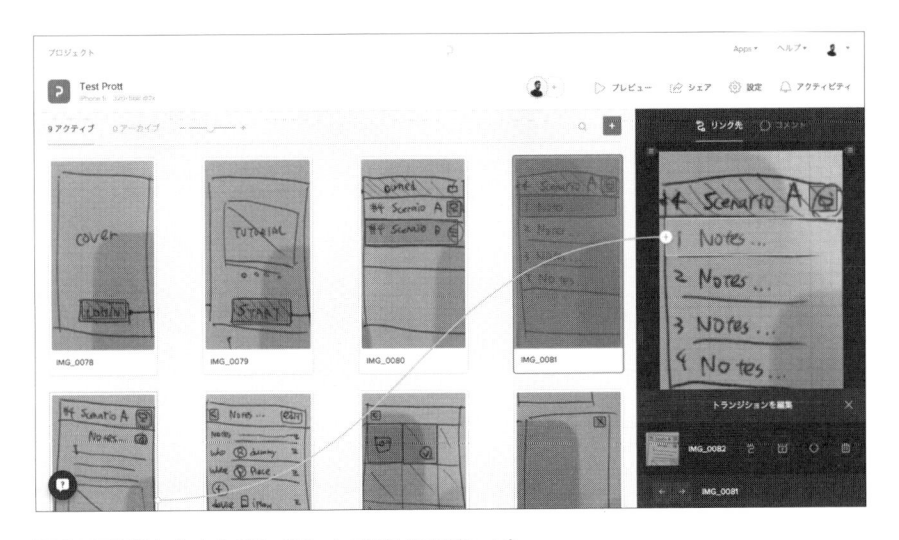

図8 画面遷移をプロトタイピングツールで検証する例（Prott）

Q よくある課題 ▶ プロトタイプを活かせない

A 解決方法 ▶ プロジェクトにおける役割を理解して取り入れましょう

前提

プロトタイピングは、検証するための手段であり最終成果物ではありません。ただし、プロトタイプの完成度が高ければ高いほどそれ自体を最終品と誤解してしまうことがあります。忠実度が高ければその場のイメージ共有がしやすくなりますが、後続タスクに必要な情報が不確かなまま進めることにもなります。

たとえば、ワイヤーフレームやサイトストラクチャのような設計書の場合、ダイアグラムを描く部分と注釈を書く部分があると思いますが、次の工程に引き継ぐためには両方が必要です。ダイアグラムはイメージを共有するため、注釈は仕様や機能を知るためです。プロトタイピングをすることで最終品に近いものができたとしても、本来の最終成果物に仕上げるために必要な情報はイメージ共有だけではないはずです。

プロトタイピング

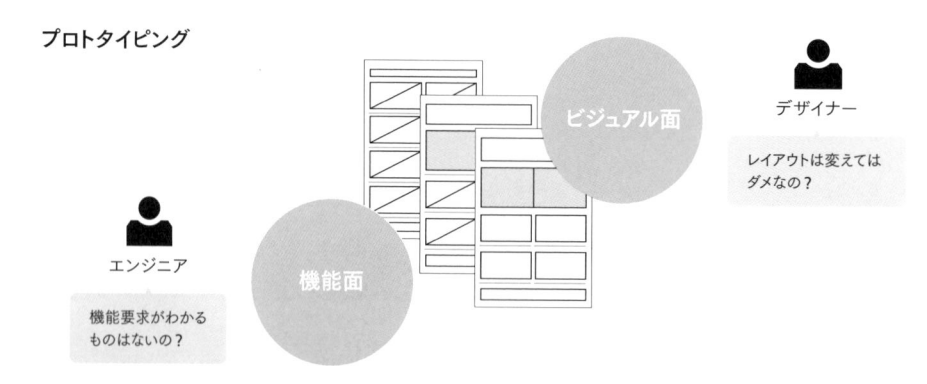

ビジュアル面 — デザイナー「レイアウトは変えてはダメなの？」

エンジニア「機能要求がわかるものはないの？」 — 機能面

図9 プロトタイピングの2つの側面

もちろんイメージ共有から機能や仕様を理解し工程が進めば開発自体は問題がなくなりますが、以降の工程でほかの人が関与することになると機能や仕様についての情報がやはり必要になります。このように、プロトタイピングはイメージ共有をしやすくする目的がある一方で、工程で考えると片方だけの視点になりがちです。

したがって、何の目的のためにプロトタイピングをするのか、後続タスクにどのようなアウトプットが必要かを見極めておくことが重要です。イメージを共有するためだけであればビジュアルデザインだけで十分かも知れませんし、具体的な施策を進めるのであれば、検証結果のレポートが必要になります。

ヒント

プロトタイピングは何のためにするのか、そこから何を得るのか、それがなければプロトタイピングはただのダイアグラムと同じで後続タスクに渡すための情報量が労力に比べて小さいものになってしまいます。そうならないためにも、目的を明確にし後続タスクに渡す情報を明らかにして取り組むことが大切です。

進め方のイメージ

プロトタイピングは作って終わりではなく、作ったものを検証したうえで、結果をレポート化して開発部署に要求事項として渡す必要があります。それを受けて開発側は、どのような機能を追加し改善するべきかを検討しますので、その際に重要なのは改善要望だけではなく検証結果から導き出された優先順位になります。

優先順位付けには、狩野分析法のように「必須」「要望」「なくても困らない」などのような分類をしてどの施策（機能）が重要なのかを明らかにして進める必要があります。

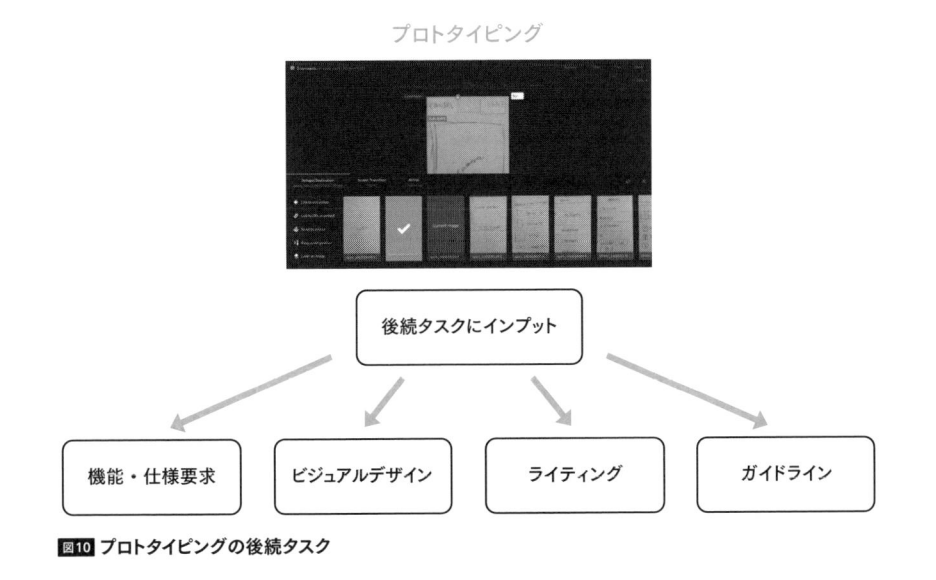

図10 プロトタイピングの後続タスク

Q よくある課題 ▶ 関係者との協働作業がうまくいかない

A 解決方法 ▶ 前後の工程がスムーズに進むための工夫をしましょう

前提

プロトタイピングツールは、主に個人作業と見ることができますが、チャットの機能が追加されているツールもあり、複数人とのコラボレーションツールとして見ることもできます。共有機能に加えてコミュニケーションもとれることで、遠隔のスタッフともやりとりがしやすくなります。

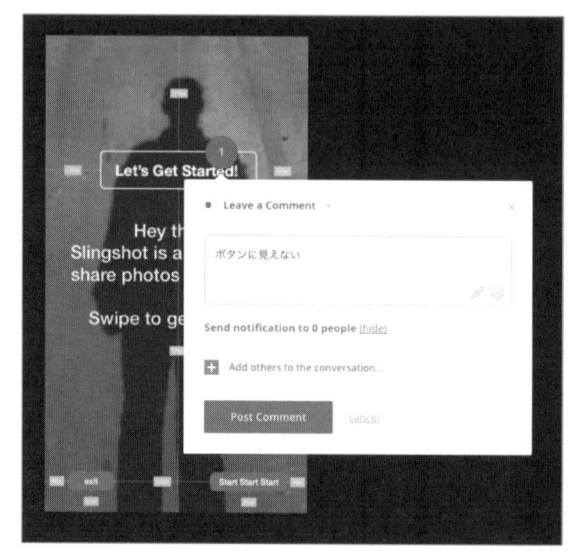

また、ツールを使ったユーザーテストを行う場合、その場で被験者からもらったコメントをツール上に残すことやディレクターやプロジェクトリーダーが要望をコメントにして発信するなどして、その場で改善作業を行うなどのサイクルが可能になります。画面単位のプロトタイピングですので、画面内のどの部分について述べているのかが瞬時にわかり、文面での要望よりも具体的です。

図11 プロトタイピングにコメントを残す機能（InVision）

なお、画面とコメントによりタスクが管理されることで、ほかにプロジェクト管理ツールを使っている場合には、使い分けも必要になります。画面単位をURLとして発行していないツールであれば共有しづらいことにもつながるので、プロトタイピングツールのユーザーと共有方法、プロジェクト進行についての理解も必要になります。

このように、プロトタイピングはプロトタイプ単体で存在するのではなく、ユーザー以外にもプロジェクトやチーム、クライアントといっしょに取り組む背景があることがわかります。

ヒント

プロトタイピングツールは、関係者といっしょに進める「コラボレーションツール」と呼ぶことができます。コメントやチャットを残すことができ、プレビューすることで全体を確認することができます。また、さまざまな形式でエクスポートを可能にすることで、プロトタイピングの位置づけを明確にすることができます。

進め方のイメージ

プロトタイピングを行うタイミングは、企画時やデザイン時により大きく異なります。比較的個人の作業として使う場合と複数人とで共有しながら使う場合とで、求められる完成度も異なり関係者も変わってきます。プロジェクトの全体の中で、どのような目的でプロトタイピングをするのか関係者と相談して取り入れてみることをおすすめします。

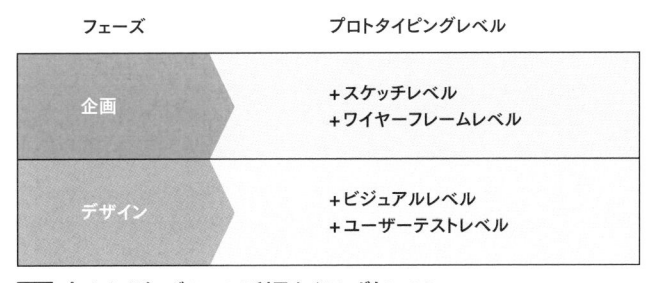

フェーズ	プロトタイピングレベル
企画	+スケッチレベル +ワイヤーフレームレベル
デザイン	+ビジュアルレベル +ユーザーテストレベル

図12 プロトタイピングツールの利用タイミングとレベル

再現度や忠実度という言葉を使って、そのプロトタイプの精度を表すことができます。もちろん開発スケジュールに対して、早い段階であればその忠実度は低く、後工程になれば高くなります。企画時に必要な部分は概要であり、細部をそれほど必要としません。デザイン作成フェーズにおいては、それよりも細部について確認できることが重要です。

プロトタイピングの作り手の気持ちとしては細部にこだわりたい部分もありますが、はじめから細部を作り込もうとすると余計に時間がかかり、結果としてただの独りよがりになりかねません。そうならないためにも、プロジェクトの進め方を把握しプロトタイプに何が求められているのかを理解する必要があります。

Column > サービスデザインという見方

サービスデザインについての書籍「THIS IS SERVICE DESIGN THINKING. Basics - Tools - Cases ― 領域横断的アプローチによるビジネスモデルの設計」 参考1 にはさまざまなメソッドやツールが収録されていますが、この本でもサービスデザインの定義はされていません。書籍のなかで実践的手法について言及されている一文から、サービスデザインとは、「ユーザーに対して、ホリスティック（全体的）なサービスを提供するためのシステムやプロセスのデザインを指す」と定義することができます。

また、Adaptive Pathによる事業領域の説明を借りると、次のように分別して理解することができます。

```
UX                    =     PX                    SX
ユーザーエクスペリエンス       プロダクトエクスペリエンス    サービスエクスペリエンス
```

プロダクトエクスペリエンス（PX）は、そのままWebサイトやアプリの計画を想像すると理解しやすいでしょう。一方の、サービスエクスペリエンス（SX）は、業務プロセスや利害関係者を整理するようなアウトプットまで含まれます。つまり、これまで述べてきたユーザーエクスペリエンスの「ユーザー」に、プロダクトを提供して取り組むのか、サービスとして提供するのかで二分できます。

取り組む視点

スタートアップ企業などは、プロダクト（Webサイトやアプリ）＝サービスでもあるため、プロダクトとサービスは切っても切れない関係にあります。そのため、プロダクトの接点にあたるユーザーインターフェースに心血を注ぎます。サービスデザインとは、そうした切っても切れない関係を全体的に計画することを目指しているため定義が難しく、ちょうど「UX」の定義が難しいのと似ています。

プロダクトないしサービスを提供する我々にとって、ユーザーにどこまでの利用者を含んでいるのかが焦点になる場合があります。B2B企業であれば、クライアントが望むものだけにフォーカスしてしまうこともありますし、ユーザーの声に耳を傾けるだけでビジネスに貢献できていないことも同じです。そうならないためにも、サービスデザインの枠組みを意識し、プロダクトや偏ったユーザーだけに焦点をあてないよう、メソッドやツールを活用して取り組むことが必要になってきます。

参考1 THIS IS SERVICE DESIGN THINKING Basics - Tools - Cases ― 領域横断的アプローチによるビジネスモデルの設計
http://www.amazon.co.jp/dp/4861008522

> Chapter

5

UXジャーニーマップと可視化

個人とメディアとの接点が増え、購買行動が多様化した現在、ユーザーに有効な問題解決を提供するには、ユーザーがチャネルを横断して目的を達成するまでの空間と時間を理解することが重要です。ジャーニーマップは、チャネル間でのマーケティング課題やユーザーの課題・ニーズなどを図解し、明らかにする手法として注目されています。

5-1　ジャーニーマップの価値
5-2　シナリオの活用
5-3　定量的調査と定性的調査
5-4　ジャーニーマップの活用
5-5　Practice：ジャーニーマップを活用するには？

コラム　カスタマージャーニー分析

> Chapter

5-1 ジャーニーマップの価値

アプリやサービスを検討する際に、ユーザーを正しく理解することが大切です。そのためには、どういう人がどういう生活をしているのか、さまざまな角度で調査・分析し、どのような問題があるかを把握したうえで、適切な解決策（ソリューション）を提供していくことが大切です。

カスタマージャーニーマップとは

ユーザーがゴールにたどり着くまでの空間と時間を「旅における一連の経験」として視覚化したものを指します。その状況を分析し、さまざまな事象をひも解きます。購買行動の一連の流れがある場合を「カスタマージャーニー」と呼び、購買の流れが一定でない（試行錯誤しながら進行する）場合には「エクスペリエンスマップ」などとも呼ばれています。対象となるユーザーを決めて利用シーンを深掘りするため、さまざまな情報を扱うことになります。

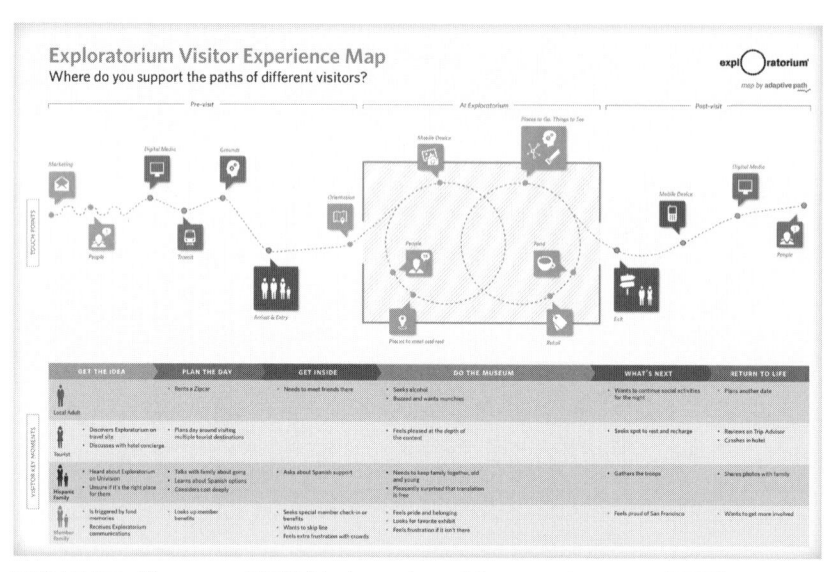

図1 カスタマージャーニーマップの例（Exploratorium Visitor Experience Map 参考1 ）

カスタマージャーニーマップには、ある製品やサービスにおけるユーザー体験を、サービス利用前から利用後のプロセスまで把握し全体を可視化することが求められます。マップを通じて、これまで見えていなかった流れや課題を発見できるようになり、既存のサービスの分析調査やそれらで扱うユーザーの理解に役立ちます。

参考1　Exploratorium Visitor Experience Map　Adaptive Pathによる博物館での一連の体験をマップ化したもの。
http://adaptivepath.org/ideas/exploratorium-mapping-the-experience-of-experiments/

なぜ注目されるのか？

Cバイブルの記事「カスタマージャーニーとは？ 参考2 」によると、カスタマージャーニーマップが注目された背景には、次の3つの要因が考えられます。まず1つ目は、スマートフォンの普及です。1人1台が当たり前になったことで、個人によるメディアとの接点が増えたこと。次に、ソーシャルネットワークサービスの普及です。ネット上でのクチコミの増加や「いいね！」やシェアなどの共有が多くなったことで、購買行動が多様化したこと。最後に、分析ツールの進化や浸透です。さまざまな分析が可能になったことにより、カスタマージャーニーマップが注目されるようになりました。

スマートフォンの普及	1人1台スマートフォンを持ち、個人によるメディア接点が増えたため
複数ソーシャルメディアの台数	クチコミやシェアが浸透し、購買行動が多様化したため
分析ツールの高精度化	これまでより分析範囲が広がったため

表1 カスタマージャーニーマップが注目される理由（Cバイブル）

カスタマージャーニーマップの構成要素

カスタマージャーニーマップを構成する要素には大きく分けて2つのブロックがあります。下図のように、上半分をユーザー行動、下半分にその行動時の思考や感情などを並べて構成します。ユーザー行動の可視化にはサービスとのタッチポイントであるメディアやチャネルについてを、思考・感情の可視化には、そのときのユーザーインサイトやビジネスにおける課題などを書き加えます。

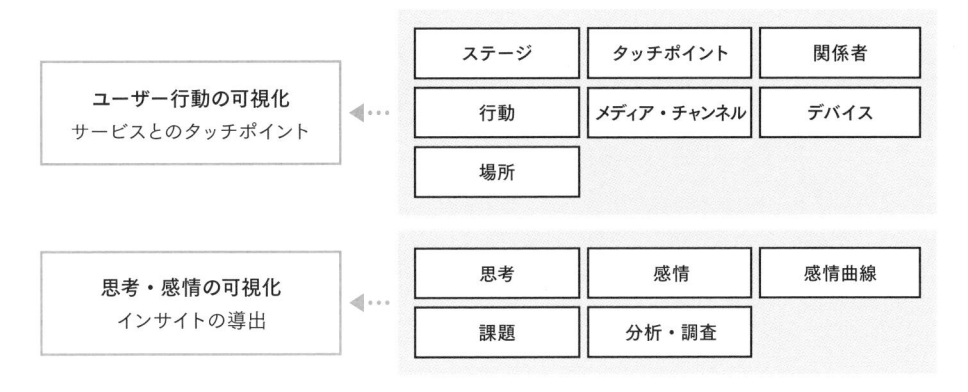

ユーザー行動の可視化
サービスとのタッチポイント
- ステージ / タッチポイント / 関係者
- 行動 / メディア・チャネル / デバイス
- 場所

思考・感情の可視化
インサイトの導出
- 思考 / 感情 / 感情曲線
- 課題 / 分析・調査

図2 カスタマージャーニーマップの構成

時間軸があるため5W1Hのようにその瞬間を分解して把握することができます。これらの構成要素は、主にマップ上でいう縦軸に相当する項目となり、どの項目を活用するかはプロジェクトの目的や内容により異なります。

構成要素（横軸）は、その目的により異なる場合があります。とくに、サービスが決まっている場合と決まっていない場合とで大きく異なります。サービスが決まっている場合

参考2 カスタマージャーニーマップとは？　「事例5選から学ぶカスタマジャーニーマップの作り方」として公開されたCバイブルの記事。
http://ecbible.net/contents-marketing/customer-journey#2

はそのサービスの利用前から利用後になりますが、サービスが決まっていなければ1日の流れ（デイリー）などでマッピングします。検討期間が長い商品（車や住宅など）の場合には、週・月・年という単位で検討をする場合があります。

購買プロセス（認知から購買まで）

| 認知・興味関心 | 情報収集 | 検討・比較 | 購入 | 共有 |

サービス利用（タスクフロー）

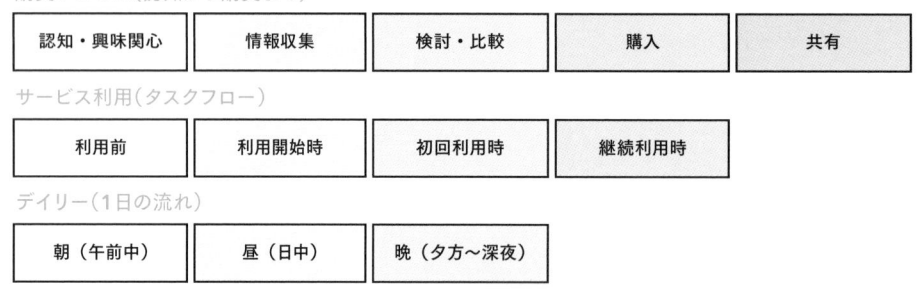

| 利用前 | 利用開始時 | 初回利用時 | 継続利用時 |

デイリー（1日の流れ）

| 朝（午前中） | 昼（日中） | 晩（夕方〜深夜） |

図3 さまざまな構成要素（横軸）

構成要素（縦軸）も同様に、その目的により順番を入れ替え、より目的の結果が読み取りやすいよう工夫します。下図のとおり、コンテンツ主体かシナリオ主体かで必要な項目は変わります。このように、目的や参照データにより構成は可変し、課題や要求事項などにより活用する範囲が異なります。

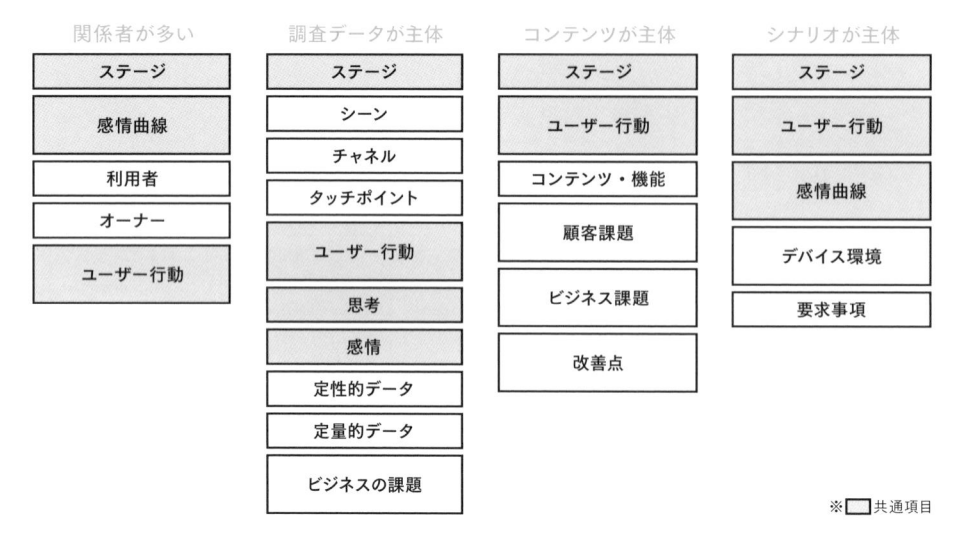

関係者が多い
- ステージ
- 感情曲線
- 利用者
- オーナー
- ユーザー行動

調査データが主体
- ステージ
- シーン
- チャネル
- タッチポイント
- ユーザー行動
- 思考
- 感情
- 定性的データ
- 定量的データ
- ビジネスの課題

コンテンツが主体
- ステージ
- ユーザー行動
- コンテンツ・機能
- 顧客課題
- ビジネス課題
- 改善点

シナリオが主体
- ステージ
- ユーザー行動
- 感情曲線
- デバイス環境
- 要求事項

※ □ 共通項目

図4 さまざまな構成要素（縦軸）

カスタマージャーニーマップの活用方法

カスタマージャーニーマップはつくり出すプロセスが重要です。これまで交流もなかった部署ごとの担当者が一堂に会してワークショップを実施し、その場でユーザーについてやビジネス戦略についてディスカッションをしていきます。ディスカッションを通じて、これまで気づかなかったユーザー行動や課題を明らかにしていきます。

カスタマージャーニーマップは、現状調査にあたるフェーズを経てユーザー行動や思考を表し、最終的にはコアな課題を導きます。したがって、既存サービスの計画やWeb戦略について、ユーザーセグメント（ペルソナなど）についての議論は済んでいる状態から始めます。もし済んでいなければ、そこから整理しはじめることをおすすめします。

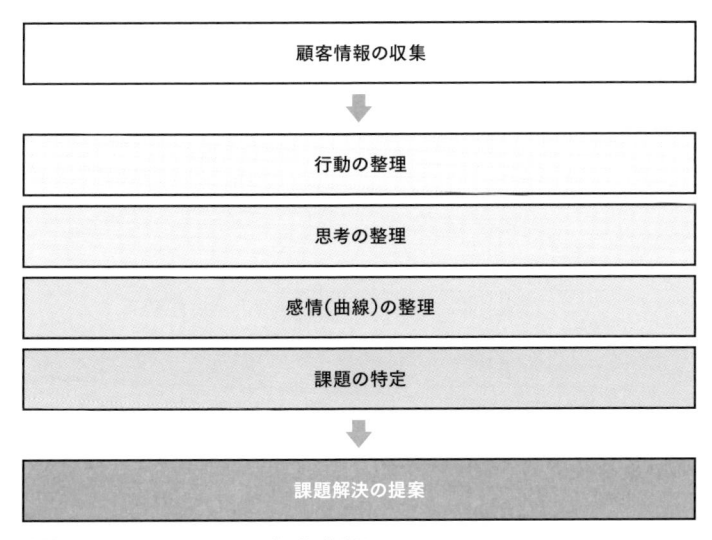

```
┌─────────────────┐
│  顧客情報の収集  │
└────────┬────────┘
         ↓
┌─────────────────┐
│   行動の整理    │
└─────────────────┘
┌─────────────────┐
│   思考の整理    │
└─────────────────┘
┌─────────────────┐
│ 感情(曲線)の整理 │
└─────────────────┘
┌─────────────────┐
│   課題の特定    │
└────────┬────────┘
         ↓
┌─────────────────┐
│  課題解決の提案  │
└─────────────────┘
```

図5 カスタマージャーニーマップの作成手順

たとえば、図6のように申込み数が増えないという課題があった場合、対象のWebサイトを見るのか、そのWebサイトを利用するユーザー行動を見るのかで結果が変わります。ユーザビリティ上問題がないと判断されたWebサイトでも、ユーザー行動で見ていくとさまざまな課題を含んでいることがわかります。カスタマージャーニーマップは、どこが重要な課題かを特定し、解決策としての施策やアイデアにつなげることが重要です。

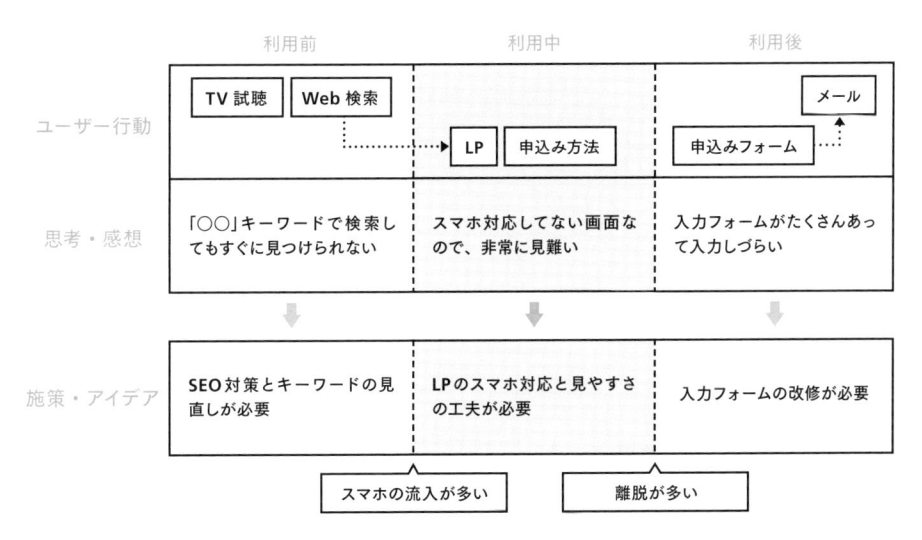

	利用前	利用中	利用後
ユーザー行動	TV試聴、Web検索	LP、申込み方法	申込みフォーム、メール
思考・感想	「〇〇」キーワードで検索してもすぐに見つけられない	スマホ対応してない画面なので、非常に見難い	入力フォームがたくさんあって入力しづらい
施策・アイデア	SEO対策とキーワードの見直しが必要	LPのスマホ対応と見やすさの工夫が必要	入力フォームの改修が必要

スマホの流入が多い　　離脱が多い

図6 ジャーニーマップで課題を特定する

現状分析から計画へ

ユーザーエクスペリエンスにはユーザー視点が欠かせませんが、カスタマージャーニーマップはサービス視点で描く場合もあります（サービスブループリント）。また、現状分析をしているのか未来予想図を描いているのかによって求められることも変わります。
現状分析を俯瞰するためだけに使うのであれば、カスタマージャーニーマップである必要はありません。よりよいサービスとするために、どのような体験をユーザーに対して提供すべきなのかをカスタマージャーニーマップを通して理解を深めることが大切です。コンセントの記事「カスタマジャーニーマップのパターン 参考3 」はとても参考になります。

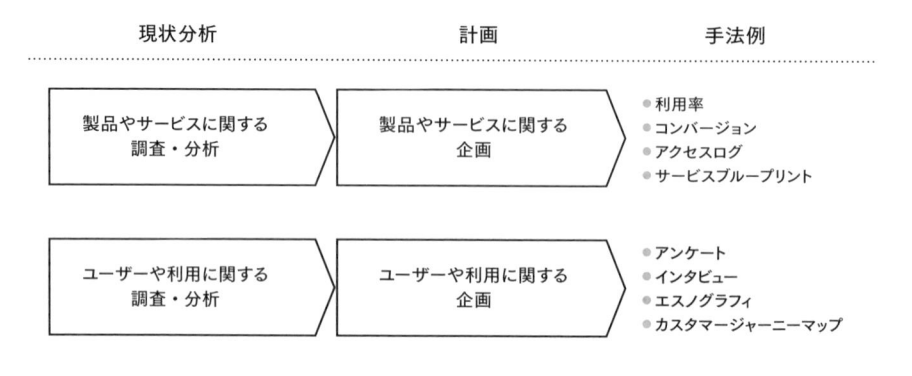

図7 現状分析と計画を行う手法の例

カスタマージャーニーマップの利用価値

カスタマージャーニーマップは、これまでにない画期的な手法ではありません。これまでの調査を組み合わせることにより実現できたことが大半です。少しだけ異なるとすれば、感情曲線などを取り入れて、よりユーザーを理解する姿勢がプラン全体から垣間見れる点です。逆に、クロスチャネルで考えなくてもいい場合や、タッチポイントが1つだけの場合には、カスタマージャーニーマップを作成する必要性は薄くなります。

メリット

では、そもそもカスタマージャーニーマップを作成するメリットにはどういうことが挙げられるのでしょうか。

ユーザー行動が可視化できる

ユーザー体験を表現する方法はほかにもありますが、このユーザー行動を主軸においた構成を活用することにより、ユーザー行動における外部要因（環境など）と内部要因（心理的障壁など）を一覧で表現することが可能です。また、前後の関係性を一度に見れることで、その行動の動機と結果が明らかにすることができます。

参考3 カスタマージャーニーマップのパターン　UXデザイン・サービスデザインの代表的手法であるカスタマージャーニーマップについてまとめた記事。http://www.concentinc.jp/labs/2013/12/customer-journey-map-patterns/

顧客とサービス接点が俯瞰できる

ビジネス視点だけではわかりにくいユーザーの本来の行動を理解することで、その行動に合わせたサービスとはどのようなものがあるのか、ユーザーとサービスとの接点を検討する機会につながります。

関係者と協働作業しやすい

製品担当であれば、その製品における利益を最大化することが目的になりますが、ユーザーはひとつの製品だけに閉じこもっているわけではありません。サービス視点で見える化することで、どのようにユーザーに向き合うべきか、組織の壁を超えて連携するきっかけを見つけてくれます。

デメリット

デメリットについてもいくつか上げておきます。これらのメリット・デメリットを踏まえて、よりよりユーザーエクスペリエンスを実現する手段として、カスタマージャーニーマップを利用してください。

調査などの準備が必要

カスタマージャーニーマップの本質はユーザーシナリオです。そのためには、計画としての課題やユーザーの情報をあらかじめ整理しておくことでスムーズに進めることが可能です。たとえば、ユーザー行動にWebやイベントが関係している場合には、トラフィックデータやイベント参加者数などの実数値を準備しておくことが重要です。そうした準備なしに進めると、定性的評価や仮説に偏った成果になってしまいます。

課題が増えすぎる

サービス視点でユーザー行動の流れを見ていくと、これまで気づかなかった流れが浮き彫りになり、さまざまな課題が持ち上がります。そうすると課題だけが山積みになるため、参加者での投票や狩野分析法などを用いて、その課題の優先順位を決めていく必要があります。

作成が目的になりがち

さまざまな構成要素を並べてしまうと、それら（横軸・縦軸）すべてに課題があるかのような錯覚を起こしてしまいます。もちろん追求すればなにかは出てくるかと思いますが、ここで重要なのは「より重要な課題は何か」を特定することですので、空白であっても問題はありません。

> Chapter

5-2 シナリオの活用

ジャーニーマップを作成するためには、まずその前提となるユーザー情報を収集する必要があります。ユーザーの属性（性別や年代など）やタイプ（価値観など）を整理してペルソナを作成し、ペルソナごとのシナリオ（体験ストーリー）を作成します。ペルソナとシナリオを整理することで、製品やサービスのユーザーをわかりやすくし、関係者どうしやクライアントとの共通言語をつくります。

ユーザーセグメントの整理

どのようなユーザーが製品やサービス（Webサイトやアプリ含む）に関わりがあるのかを簡単なマトリクスにします。もし、何もよりどころがない場合には、「ITリテラシー」と「ブランド関与度」で4象限にしてみるとわかりやすいです。そうすると、ITリテラシー（つまりデジタル依存度）が高い人と低い人とそのブランド（つまり対象の製品やサービス）の新規・潜在顧客か既存顧客かで分けることができます。

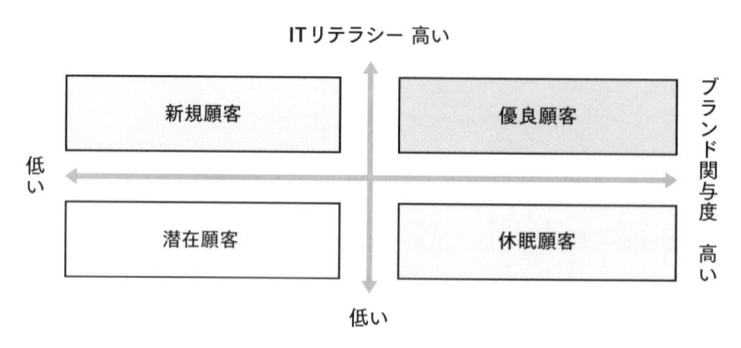

	ITリテラシー 高い	
新規願客		優良願客
低い	← →	ブランド関与度 高い
潜在願客		休眠願客
	低い	

図1 ユーザーセグメントの例

一方、すでにさまざまな条件がわかっている場合、上記のマトリクスに加えて諸条件を追加して一覧で整理することができます。たとえば、車保険であれば車の運転時間の多い・少ないであったり、ECサイトであれば購入金額の高い・低いであったりなどです。そうした一覧から主なユーザーを整理することができます。

ペルソナの開発

ペルソナとは、ユーザーを特定し仮想のユーザー像を具現化することです。そのためには、ユーザーの属性情報や行動、価値観などを整理しておくことでつくりやすくなります。ドキュメント不要論でも示したとおり、調査などをしてユーザー情報を精緻化するということよりも、できるだけ早い段階で関係者どうしの共通言語をつくることが優先されます。

簡易的にペルソナを作成する場合のフォーマットには以下のようなものがあります。

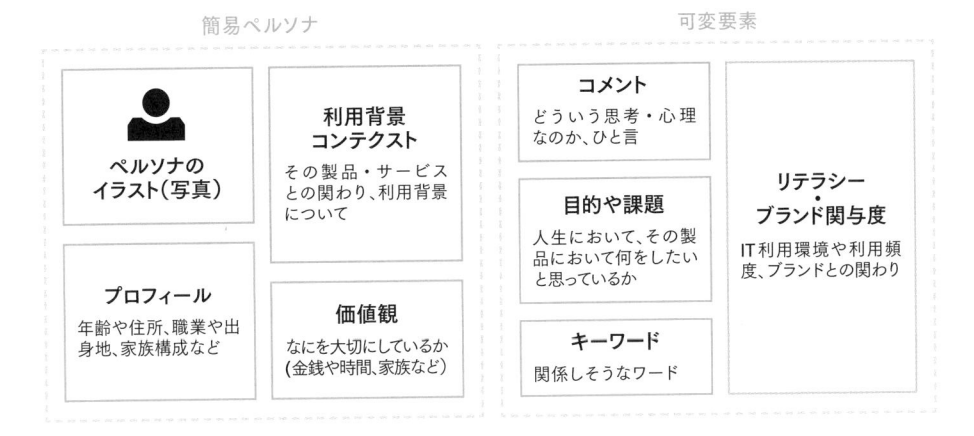

```
  簡易ペルソナ                          可変要素
┌─────────────────────────┐  ┌─────────────────────────┐
│ ┌──────┐  ┌──────┐      │  │ ┌──────┐                │
│ │ペルソナの│  │利用背景│      │  │ │コメント│                │
│ │イラスト  │  │コンテクスト│      │  │ │どういう思考・心理│ ┌──────┐ │
│ │(写真)  │  │その製品・サービス││  │ │なのか、ひと言│ │リテラシー・│ │
│ └──────┘  │との関わり、利用背景│  │ └──────┘ │ブランド関与度│ │
│           │について│            │  │ ┌──────┐ │IT利用環境や利用頻│
│ ┌──────┐  └──────┘      │  │ │目的や課題│ │度、ブランドとの関わり│
│ │プロフィール│ ┌──────┐      │  │ │人生において、その製│└──────┘ │
│ │年齢や住所、職業や出││価値観│      │  │ │品において何をしたい│        │
│ │身地、家族構成など│ │なにを大切にしているか│  │ │と思っているか│         │
│ └──────┘ │(金銭や時間、家族など)│  │ └──────┘                │
│          └──────┘       │  │ ┌──────┐                │
│                         │  │ │キーワード│                │
│                         │  │ │関係しそうなワード│          │
│                         │  │ └──────┘                │
└─────────────────────────┘  └─────────────────────────┘
```

図2 簡易ペルソナのフォーマット例

シナリオの作成

シナリオとは、ユーザーと製品やサービスとの関わりを流れ（ステップ）で示し目的達成までの流れを視覚化したものです。つまり、目的を「どのように達成するか」を示したものであり、そのためにどんなステップが必要かを検討する必要があります。シナリオを作成することで、企業がどのステップで何をすべきかの施策が明確になります。

シナリオは、ユーザー行動を簡単なステップで視覚化するところから始めます。たとえば、ユーザーがECサイトで商品を買う場合には、検索をして商品を見つけ、カートに入れて発注する、というステップがあります。これに対して、画面フローとは画面の流れを視覚化したもので、この場合だと検索画面、商品画面、カート画面、発注画面となります。

	ステップ1	ステップ2	ステップ3	ゴール
シナリオ	商品を検索する	商品を見つけカートに入れる	注文する	商品が届く
画面フロー	検索 → 検索結果 → 商品 → カート → 発注 → 発注完了			シナリオのゴールは、画面フローは関係しない場合が多い

図3 シナリオと画面フロー

このようにステップと画面が対の場合には大きな問題はありませんが、ステップに対して画面数が多い場合には検討が必要です。たとえば、購入するステップに購入ボタンがなければ本来したいことができないのと同じです。シナリオをもとに画面フローを考えることで、ステップに必要な施策として画面やボタンがあると理解しておくことが大切です。

下図は、iOSアプリにおける主なタスクと画面キャプチャを集めたWebサイト「UX Archive」です。

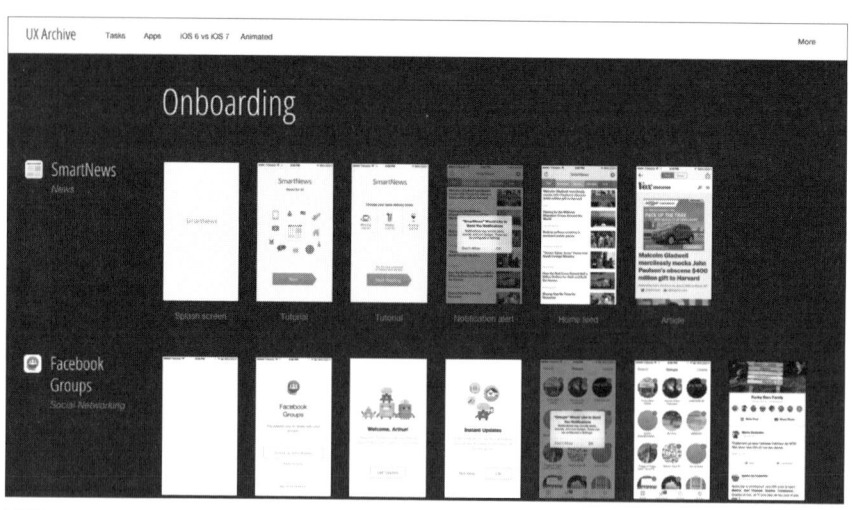

図4 UX Archive

朝会社に行き勤務を終えて帰宅するというライフサイクルもひとつのシナリオとして見ることができます。図5は、Pocket Blogの記事「Is Mobile Affecting When We Read?」より、iPhoneユーザーにおける平日のアプリ利用時間を示したものです。早朝（6時頃）、通勤時（9時頃）、帰宅時（17時〜18時）、プライムタイム（20時〜22時頃）がもっとも多く利用されていることがわかります。

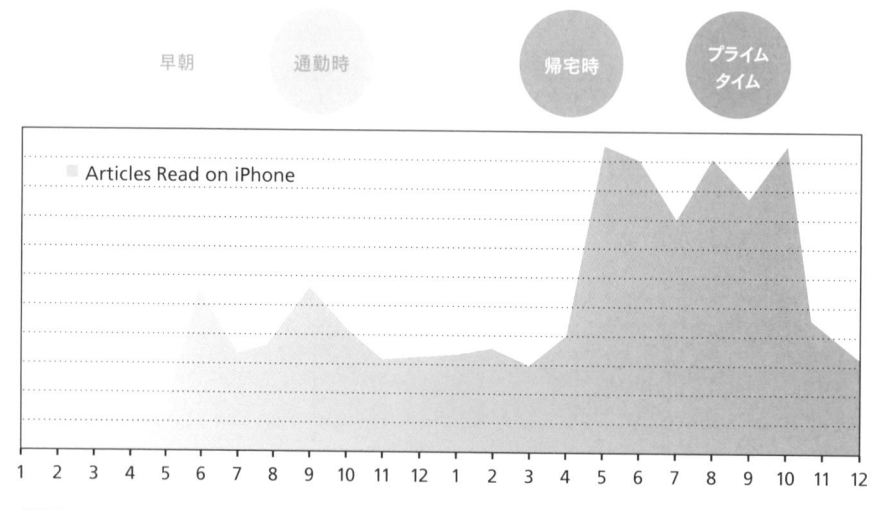

図5 iPhoneユーザーの利用時間帯（Pocket Blog）

こうした1日のライフサイクルを踏まえると、コンテンツ配信の時間帯についても検討することができます。たとえば、Yahoo! ニュースの iPad アプリでは、1日のうちもっともニュースが読まれる朝と帰宅後にフォーカスしている施策例を打ち出しています。

参考1　iPhoneユーザーの利用時間帯　記事「Is Mobile Affecting When We Read?」より。
https://getpocket.com/blog/2011/01/is-mobile-affecting-when-we-read/

購買プロセスと態度変容

ユーザー行動にはいくつかの種類があり、購買プロセスもそのひとつです。商品を知る前から購入した後までの一連の流れを「AIDMA」と称したものは古くからありますが、検索による比較検討を主体にした「AISAS」を経て、スマートフォンやソーシャルメディアの普及により、この購買プロセスも変化してきたと言われています。

そうした背景から「SIPS」呼ばれる購買プロセスがあります。ソーシャルメディアなどで配信された情報に「共感」するところから始まり、そのブランドや商品を「確認」したうえでコミュニティに「参加」します。そこで得た有益な情報を「共有・拡散」していく流れを視覚化したものです。これまでの購買プロセスでいう注意・興味にあたる情報取得方法が、ソーシャルメディアを中心にしたものへと変化しています。

AIDMA（アイドマ）	Attention 注意	Interest 興味	Desire 欲求	Memory 記憶	Action 行動
AISAS（アイサス）	Attention 認知	Interest 興味	Search 検索	Action 行動	Share 共有
SIPS（シップス）	Sympathize 共感	Identify 確認	Particpate 参加	Share/Spread 共有/拡散	

図6 AIDMA・AISAS・SIPSの比較

購買プロセスとコンテンツ配信

購買プロセスを踏まえると、コンテンツ配信や企画をどのように企業側がアプローチしていけばいいのかのヒントがあります。

たとえば広告手法において、情報収集時には媒体ターゲティング広告（リスティング広告など）を打ち、比較検討時にはオーディエンスターゲティング広告（サイト内の行動履歴をもとにした広告など）を打ち出すといった使い方ができます。次のページの図はインティメート・マージャーのスライド 参考2 より「消費者の行動・購買プロセスに伴う広告手法」の図を参考に作成したものです。

参考2　DMPを使い倒すには。　http://www.slideshare.net/im_docs/everrise

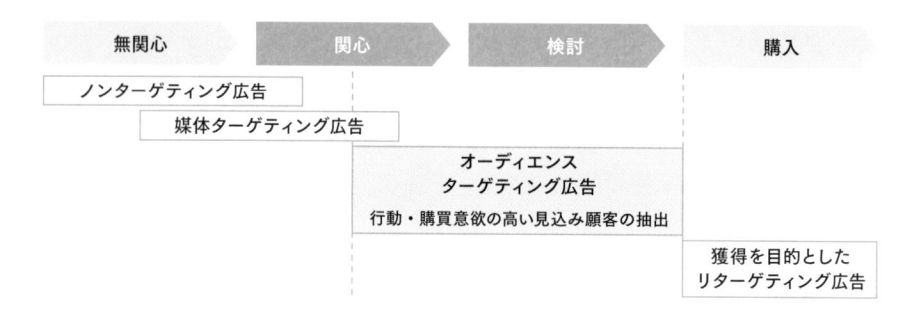

図7 購買プロセスを踏まえた広告手法の例（インティメート・マージャー）

また、BtoB企業Webサイトにおけるコンテンツ施策についても、情報収集時には価格表やお客様インタビュー、比較検討時には実績やFAQなどに分けることができます。下図は、ガイアックスの記事「Web担当者なら知っておきたい、BtoB企業がWebを営業に活用するメリット8つ 参考3 」を参考に作成したものです。もちろんこの限りではありませんが、購買プロセス（ユーザーの状況）に応じたコンテンツ配信や施策を検討することは投資対効果を図るうえでも大切です。

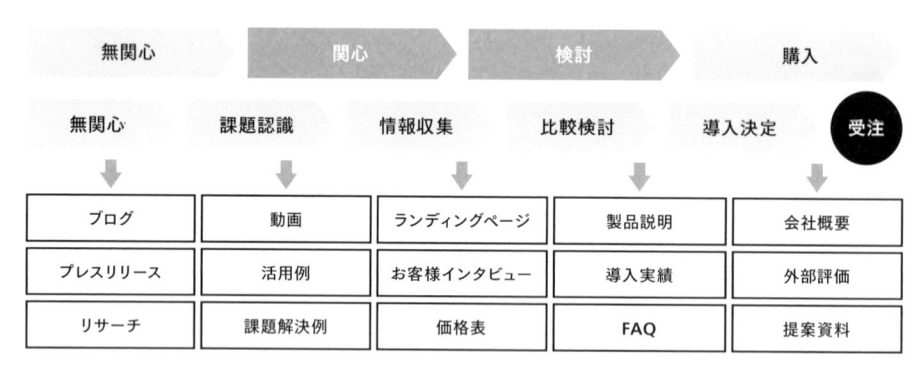

図8 購買プロセスをふまえたBtoBコンテンツ配信の例（ガイアックス）

クロスチャネルデザイン

製品（Webサイトやアプリ）をデザインするうえでは、これまでのように製品単体をいかに使いやすくするか、いかに魅力あるデザインにするかという検討も重要ですが、これからはその製品がユーザーの行動や思考にどのように寄り添うかという検討がとても大切になります。どれだけすばらしい製品をつくったとしても、ユーザーの行動や思考に添わないものであればムダになってしまいます。

ユーザーシナリオ（目的を達成するまでのステップ）を検討すると、各ステップに必要な施策がWebサイトだけでは対応しきれないことがわかります。たとえば、WebサイトにアクセスするきっかけがTVCMの場合、Webサイトを見てもらうためには、TVCMも関係してきます。したがって、ユーザー行動がチャネル横断になればなるほど、対応する施策を検討するビジネス側も事業横断が前提となってきます。

参考3 BtoB企業がWebを営業に活用するメリット8つ　http://www.inboundmarketing.jp/blog/2013/08/22/meri/

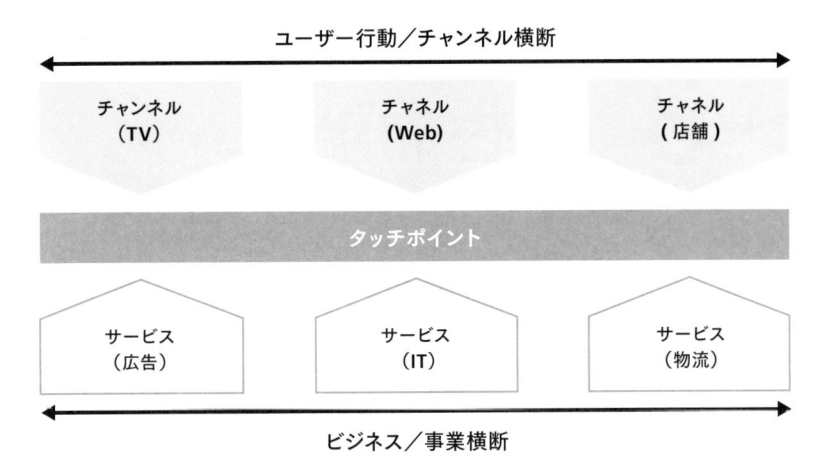

図9 ユーザー行動とサービス・システムとのタッチポイント

また、スマートフォンのカメラを使って店舗に陳列する商品コードを読み取りネットで検索する場合や、静脈認証を使ってアプリにログインをしたり、スマートフォンのGPS機能を使って場所を検知し近くの店舗をアプリでお知らせしたりといった機能を横断して利用することも最近では珍しくなくなってきました。

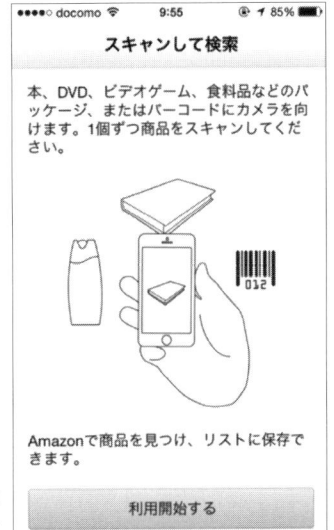

図10 スマートフォンのカメラで商品コードを読み取る
Amazon公式アプリ(iOS/Android)において、従来の商品バーコードに加えて、画像での検索も可能な新しい「スキャン検索」機能が追加された。

このように、チャネル横断や事業横断、さらには機能横断といった別々に存在するものを横断して利用するためには、それぞれの関係性を可視化し継ぎ目のないユーザー体験を検討する必要があります。

Jacob Nielsen氏の記事「クロスチャネルなユーザーエクスペリエンス 参考4 」には、クロスチャネルデザインにおける重要な要素を「一貫性があること」「継ぎ目がないこと」「利用可能であること」「コンテキストに特化していること」の4つにまとめています。企業側はユーザーの最も重要なタスクを理解し、チャネルごとの長所を理解する必要があるとしています。

参考4 クロスチャネルなユーザーエクスペリエンス http://u-site.jp/alertbox/seamless-cross-channel

> Chapter

5-3 定量的調査と定性的調査

シナリオやジャーニーマップを作成する際に、各ステップにおいて事実や調査データがあるものは明らかにしていきます。とくに定性的調査は、ユーザーやその行動を理解するためにはとても重要です。Webサイトのアクセス解析、ユーザー行動観察調査やインタビュー、アンケートなど多種多様な手段で収集したデータから読み取った情報をもとに行動パターンを整理していきます。

違いと組み合わせ

定量的調査とは、人数や割合、傾向値などの何かしら明確な数値や量で表される「定量データ」で集計・分析する調査方法です。一方定性的調査とは個人による発言や行動など、数量や割合では表現できないものの意味を解釈することで、新しい理解につながる「質的データ」を得るための調査方法です。この両方を活用し組み合わせることで、適切な調査結果を得ることができます。

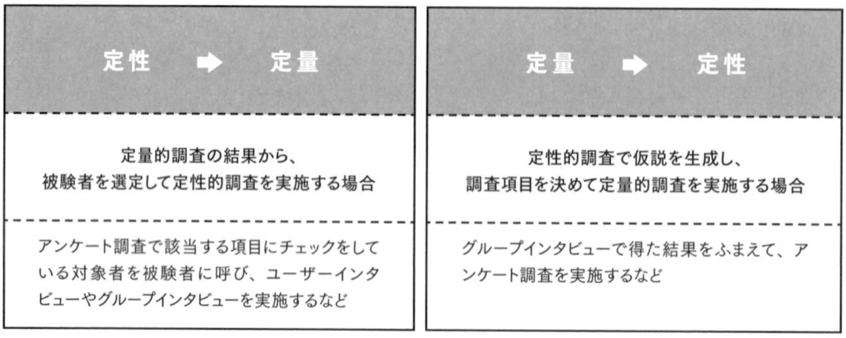

定性 ➡ 定量	定量 ➡ 定性
定量的調査の結果から、被験者を選定して定性的調査を実施する場合	定性的調査で仮説を生成し、調査項目を決めて定量的調査を実施する場合
アンケート調査で該当する項目にチェックをしている対象者を被験者に呼び、ユーザーインタビューやグループインタビューを実施するなど	グループインタビューで得た結果をふまえて、アンケート調査を実施するなど

図1 調査の組み合わせ

HCDプロセスで考えた場合、これからデザインを進めるうえではインタビューなどの定性的調査が多く、すでにデザインされたものがある場合には、アンケートやなどの定量的調査が多く使われる場合があります。調査の目的に応じて使い分けと組み合わせが大切になります。

調査の検討

カスタマージャーニーマップを作成する目的は、大きく分けて「現状分析」と「計画」があります。また、対象となる製品やサービスがすでにある場合と、これから作る場合とで異なります。

製品サービスがすでにある場合には、定量的調査を活用してジャーニーに含まれる接点ごとに調査結果をひもづけて見ることが可能です。一方で、これからつくる場合には、どのようなユーザー体験を描くのか仮説をつくるための材料として定性的調査が活用できます。どのような視点で活用するのかを整理すると次のようになります。

既存（すでに対象がある場合）	新規（これから対象をつくる場合）
どれくらい使われているのか	なぜ使われるのか
現状分析	計画
定量的調査	定性的調査
接点ごとの調査	結果仮説や検証の材料

表1 定量と定性の活用（例）

さらに、より詳細に理解していくためには、前項の組み合わせの例のように、それぞれの視点を補い取り組んでいくことができます。

定性的調査の活用

これから製品やサービスを計画する場合に、カスタマージャーニーマップに取り組むのであればAdaptive Pathが作成した「エクスペリエンス・マッピング・ガイド 参考1」が役に立ちます。このガイドは、カスタマーエクスペリエンスを全体俯瞰するためのマッピングの価値から方法論の要点まで、20ページにまとめられています。

事実を明かす	チャネルやタッチポイントを横断して顧客のビヘイビアやインタラクションを理解する
コースを描く	それぞれのインタラクションでカギとなる顧客からのインサイトを他者とコラボレーションしながら調和させ、ジャーニーモデルを形成する
ストーリーを話す	チーム内の共感や理解を促すストーリーを作り上げ、可視化する
マップを使う	マップ（地図）に従い、新しいアイディアやより良いカスタマー・エクスペリエンスを実現するための種を見つける

表2 4つのステップ（エクスペリエンス・マッピング・ガイド）

すでにわかっている情報やデータを整理するところからスタートします。定性的調査であるエンドユーザーとのインタビューは、製品やサービスなど検証したい課題について深掘りするときに有効です。たとえば、オンラインサービスの利用についてエンドユーザーにインタビューした結果、オフラインのタッチポイントの郵送のほうに原因があったなどは単一のサービスだけを見ていては発見できず、カスタマージャーニーを理解することで発見することができます。組織横断で取り組むこと（共創すること）で、こうした成果が関係者で共有しやすくなり、意思決定にマップを活用することができます。

このエクスペリエンスマップでのフレームワークでもっとも重要なブロックは、「振る舞い」「思考」「感情」になります。リサーチとディスカバリーと2つのフェーズがありますが、この3つに対して大きく関係するのが定性的調査にあたり、進めていくうえで定量的調査を組み合わせることができます。

参考1 エクスペリエンス・マッピング・ガイド
http://www.slideshare.net/kazumichisakata/adaptive-paths-guidetoexperiencemappingjpn

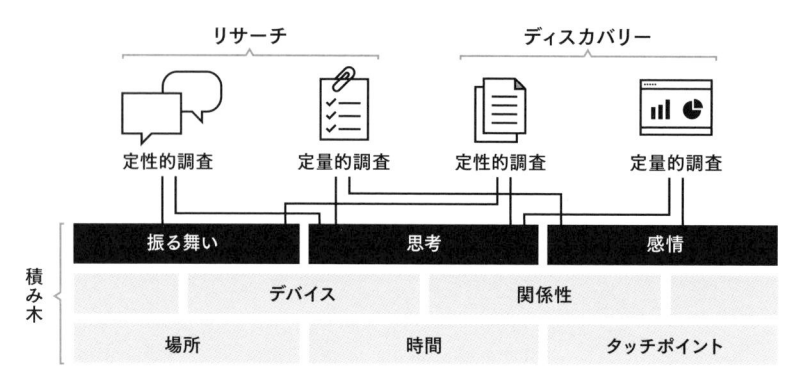

図2 リサーチとディスカバリーにおけるフレームワーク例

定量的調査の活用

製品やサービスがどれくらい使われているのか現状を把握する場合には、アクセスログツールを使用することが多いと思いますが、自社データだけではなく他社データまたは全体の傾向などを分析したい場合にはGoogleが公開している「The Customer Journey to Online Purchase 参考2 」が役立ちます。これは購買における接触メディアを集計しているもので、業界や規模、国ごとのデータをオンラインで見ることができます。

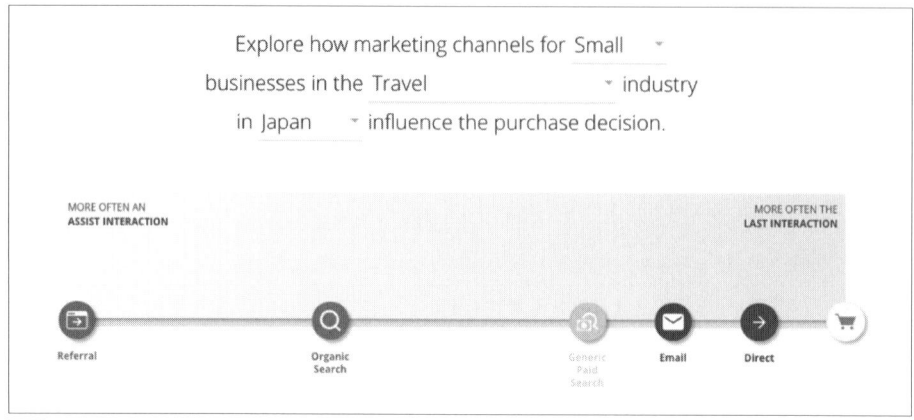

図3 The Customer Journey to Online Purchase（Google）

カスタマージャーニーマップを作成するうえで定量的調査は非常に重要ですが、そのデータがいつどのような結果なのかは、なかなか判断がつきません。このサイトでは、購買に関与した接触メディアを統計データとして多い順に並び替えることができるため、その大きさを把握することができます。

たとえば、旅行関連では自然検索が多く使われ、ショッピング関連ではウェブ広告がより多く使われることがわかります。つまり、カスタマージャーニーマップでユーザー行動を検討する際に、より多くのユーザーがこうしたメディアと接触する傾向があることがわかるため、そうした経路を参考にカスタマージャーニーを描くことが可能です。

参考2 The Customer Journey to Online Purchase
https://www.thinkwithgoogle.com/tools/customer-Journey-to-online-purchase.html

計測数値の意味づけ

いつどのような行動をするのか、ユーザーの行動をすべて定量的に分析していく傾向はデジタルデバイスの普及と分析ツールの発達とともに進んでいます。こうした中でUX（ユーザー体験）を定量的に分析する手法として「UXメトリクス」という言葉が使われます。

UXを計測するとは「ユーザー体験とその達成度（ゴール）」を指すため、ビジネスにおけるKGI/KPIから数値目標を決めていくことになります。売上などのビジネス目標から製品やサービスにおける会員数などの目標、そしてその成功要因のひとつとしてユーザー体験の目標があります。

図4 ユーザーエクスペリエンスの測定 参考3

UXメトリクスでは、そのユーザー体験の評価を5つの評価軸で表しています。いわゆるユーザビリティ評価にも共通する部分が多くあり、有効性・効率、タスクの成功・失敗、エラー件数、タスク時間、ゴール達成までの流れが含まれます。

項目	内容
有効性・効率	目的を達成できたか？
タスクの成功・失敗	タスクは成功したか？
エラー件数	エラーの件数はいくつあったか？
タスク時間	タスク完了までの時間はどれくらいかかったか？
ゴール達成までの流れ	クリック数や画面遷移数はどれくらいあったか？

表3 パフォーマンスの測定例

たとえば、特定のUX（ユーザー体験）を数値化する場合、ひとつの行動を分解していき時間と達成率などに変換して表すことができます。具体的には、申し込みや登録の流れを改善するユーザーシナリオを想定した場合、「タスクにかかる時間（時間）」と「コンバージョン率（達成率）」を計測していくことで、UXを定量的に分析していくことが可能です。

ただし、これはひとつの組み合わせ例にすぎず、いくつかの数値の組み合わせを試行する必要があります。

参考3 ユーザーエクスペリエンスの測定　Tom Tullis、Bill Albert著（2014、東京電機大学出版局）
http://www.amazon.co.jp/dp/4501552905

> Chapter

5-4 ジャーニーマップの活用

カスタマージャーニーマップに見られるようなマップやキャンバスの活用は、短い時間にさまざまな角度から企画を検討する際に有効です。フレームワークとして定着すれば、なにを決めればプロジェクトが前に進むのかといったことが関係者にもわかりやすく共有することができます。一方、そのためには、日ごろの業務の取り組み方や工程が重要です。

ジャーニーマップは仮説である

カスタマージャーニーマップに書いてあることにすべて根拠のあるデータがあり、非の打ち所がないものがつくれるのであれば、実はマップ化する必要はあまりありません。マップ化する意味は、そうした根拠や論拠の拠り所となる事象を俯瞰し、新たな気づきを得るところにあります。そのため、調査ができない（していない）領域も含む仮説として見ることができます。

仮説が、ユーザー視点でマップ化されていることで、1つの接点だけではなく一連の流れとして理解できます。たとえば、オンラインやオフラインを含むサービスや複数の事業が関係する場合には、組織を横断した検討を行うことが可能となります。

反対に、仮説であるということは仮説を検証するステップが後工程には必要になります。たとえば、イベント参加者がWebサイトにアクセスする流れがある場合、イベント参加者数とサイトのアクセス数を計測してギャップを検証する必要があります。

このように、ユーザーがチャネルを横断する流れを可視化するマップ化の作業は、必然的にビジネス側にもチャネル横断やサービス横断で考える機会をつくり、検証の仕組みや組織化までが必要になってきます。

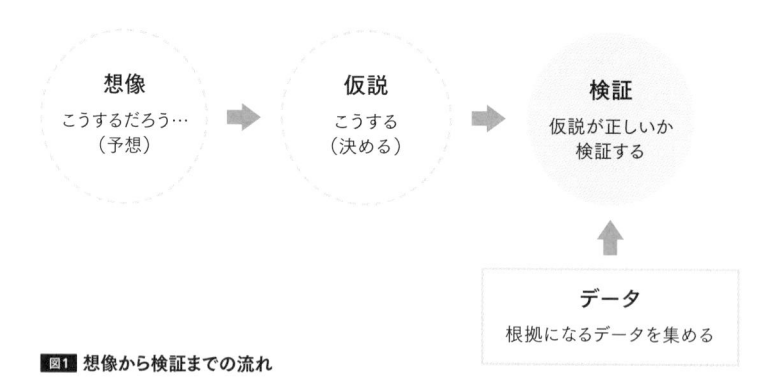

図1 想像から検証までの流れ

ワークショップによる作成と検証

カスタマージャーニーマップの作成は、組織横断のワークショップを開催して進めることができます。より多くの関係者といっしょに、チーム内の共通言語をつくることにもつながるため、教育や啓蒙の一貫としてワークショップを行うこともできます。ワークショップを通じて具体的な企画を進める場合には、エンドユーザーにも参加してもらい調査も兼ねる場合があります。

教育・啓蒙の場合
- 外部講師やコンサルタントが進行役
- 具体的な成果物はない場合が多い
- 組織横断で参加者は多い

企画の場合
- プロジェクトリーダーが進行役
- 具体的な成果（アウトプット）を必要とする
- プロジェクトメンバーが参加者

ワークショップでのカスタマージャーニーマップ作成は、主に付箋や模造紙、ペンを使用して約半日で仕上げます。そのため、特定の行動や課題にフォーカスして進めます。アウトプットはワークショップ内で作成したマップはもちろん、そこから得られた課題と施策案になります。

そうしたアウトプットを得るためには、いくつかのメソッドを組み合わせて進める方法があります。Kate Rutter 氏の「Rapid Design & Experimentation for User-Centered Products 参考1」は、デザイン思考で進める手法を9つにまとめたもので参考になります。こうした方法を組み合わせた数日間のプログラムとして「Google Design Sprints」や「Service Design Sprints」などが知られています。

Sketch people	ペルソナをスケッチしユーザーやその動きを具体化します
Sketch UI	画面をスケッチし、対象製品を具体化します
Flows	画面の動きや手続きの流れを可視化します
Dump	アイデアを出しまくります
2x2 sort	4象限で分類し優先順位づけをします
Dot-vote	ドット（シールなど）で投票します
Timebox	タスクは制限時間を設けます
Quiet read	静かに読むだけの時間をつくります
Work at the wall	成果は壁に貼り出します

表1 9simple methods（Kate Rutter）

参考1 Rapid Design & Experimentation for User-Centered Products　http://www.slideshare.net/intelleto/rapid-design-experimentation-for-usercentered-products-ux-days-tokyo-april-2015

オンラインツールによる作成と検証

カスタマージャーニーマップを、オンラインツールなどを使用して作成する場合があります。ワークショップなどと異なり、個人での作業が中心になります。

メリット	デメリット
いつでもデータを参照可	専用ツールの習得が必要
修正や更新が容易	他ツールと連携が必要
共有しやすい	共有相手が限定される

表2 オンラインツールのメリット・デメリット

まだオンラインツールは多く存在しませんが、メリットとデメリットを検討したうえで、使い分けをしていくことも考えられます。

定性的調査の側面が強いUX系ツールの場合には、主にテキスト入力を基点として、さまざまな接点について記入していきます。その結果として、サービス全体のシナリオが作成できるため、全体の俯瞰や詳細化をするうえではたいへん役に立ちます。一方、定量的調査の側面が強いマーケティング系ツールの場合には、デジタルデバイスなどの接点をデータで連携することで可視化するため、データが必要になります。主にCRMツールとしてコンテンツ配信などの管理に使用されます。

定性的ジャーニーマッピングツールの例	Experience fellow、Touchpoint Dashboard
定量的ジャーニーマッピングツールの例	Journey Buider、Responsys

表3 オンラインツールの例

UX系サービスデザインのツールは「ExperienceFellow [参考2]」、マーケティング・CRMツールは「Salesforce Marketing Cloud - Journey Builder [参考3]」が代表的です。

オンラインツールは、その手軽さから自分で企画を検討する際やワークショップの前に構想の整理のために使用することができます。また、ワークショップの結果の清書などにも使えるため、ツールとワークショップを組み合わせて進めることが有効です。

構想の具現化　　　　課題の特定　　　　課題の深掘り

事前準備　　　　ワークショップ　　　　調査・分析
(仮説で作成)　　(仮説を検証)　　　(さらなる分析)

図2 構想の具現化から課題の深掘り

参考2 ExperienceFellow　https://www.experiencefellow.com/

さまざまなユーザー体験への展開

カスタマージャーニーマップは、デジタルにおける接点だけではなく、オフライン時における体験も合わせて全体の流れを検討するために使用します。したがって、自身が関わらない（知らない）領域についての理解を深めることに役立ちます。とくに、流れを見ていくことで、なぜそのようになったか上流工程を理解することにも役立ちます。マーケティングにおけるトレーサビリティとも呼ばれ、なぜそのようになったのか分析することにも活用できます。

たとえば、イベントに参加する流れを可視化する場合、DMが届いてからイベントに参加するまではオフラインですが、参加後にメールを受け取ってからSNSで共有するなどオンラインの行為として考えることができます。この場合、自分がイベント担当者であれば、DMやメール、SNSについての理解も必要になってくることがわかります。

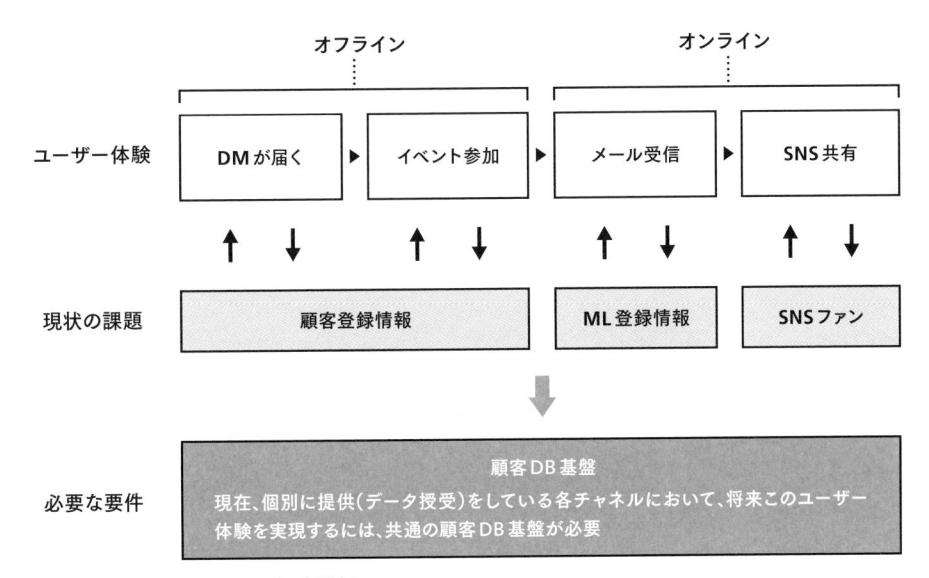

```
                オフライン              オンライン
              ┌──────────┐        ┌──────────┐
ユーザー体験  │ DMが届く │→│イベント参加│→│メール受信│→│ SNS共有 │
              └──────────┘        └──────────┘
                  ↑↓      ↑↓         ↑↓       ↑↓
現状の課題    [  顧客登録情報  ]   [ ML登録情報 ] [ SNSファン ]
                             ⬇
necessary要件  ┌─────────────────────────────────────┐
              │ 顧客DB基盤                           │
              │ 現在、個別に提供（データ授受）をしている各チャネルにおいて、将来このユーザー│
              │ 体験を実現するには、共通の顧客DB基盤が必要 │
              └─────────────────────────────────────┘
```

図3 クロスチャネルでのサービス提供例

また、それぞれの接点におけるデータの種類についても理解することが大切です。イベントに参加した人がメール登録をしているのか、またSNSを利用してファンになっているのかは、こうした流れで俯瞰する場合には非常に有効なデータとなります。こうした一連の流れを把握し分析するためには、データとして集計することはもちろん、個人が特定できる情報基盤（顧客DB基盤）が必要となります。このため、大手企業などで物流や流通を含むオムニチャネルを推進する動きが活発化し、いつでもどこでもパーソナライズ化されたサービスが享受できる仕組み（情報インフラ）を構築する動きがあります。

このように、カスタマージャーニーマップを活用することは、自分の担当以外のユーザー体験を理解すること、一連の流れに取得可能なデータを整備すること、それらを実現するうえでの顧客基盤を構築することにつながります。

参考3 Salesforce Marketing Cloud - Journey Builder
http://www.salesforce.com/jp/marketing-cloud/features/digital-marketing-optimization

5-5 ジャーニーマップを活用するには？

Practice 実践

カスタマージャーニーマップとは、製品やサービスと人々との接点を可視化したものです。可視化することで得られる価値とは対照的に、有効に活用するために必ずぶつかる課題について理解していきましょう。

陥りがちな問題

カスタマージャーニーマップで、製品やサービスと人々との接点を全体的に俯瞰できるようにしたことで、次にどこに着目すべきかわからず可視化しただけで終わってしまうことがよくあります。

よくある課題

可視化しただけで終わってしまう、という問題を解決するうえでいくつかの課題があります。

1. 必要かどうかが疑問視されてしまう
2. どのタイミングでつくるのかがわからない
3. ワークショップで満足して終わってしまう
4. 業務につながらない

これらの課題は、カスタマージャーニーマップに限らず、これまでなかった手法を業務に取り入れる際に必ず生じます。これまでと同じ方法で解決できているうちは問題ありませんが、同じ方法では解決しきれない問題や、新しい領域を検討する際には、よく出てくる課題です。

これまでなかったアプローチになるため、どのタイミングで、誰が、どのように業務に活かすのか、プロジェクトの推進者が関係者と検討を進めながら取り入れることが大切です。

背景

これらの課題の背景として、個人がいくつもメディアとの接点を持ち、自由に情報発信できる現代において、製品やサービスをどのようにすれば知ってもらえるのか、また利用してもらえるのかを議論するための材料が必要であることが挙げられます。

製品やサービスとユーザーの体験の流れを可視化し、全体を俯瞰できるようなカスタマージャーニーマップの手法は、これまでのリサーチ結果などで得た情報量よりも多くなります。ただし、その情報源やどのように活かすべきかといった仮説がない状態でやみくもに取り入れはじめると、現状分析をただ集めた結果に終わってしまいます。重要なのは、現状分析でもそうですが、未来において、どのような人が、どのような接点があり、どのようなビジネス機会があるのかを想像しそれを肉づけしていくことです。そしてそれらを関係者と共有しやすくすることです。

仮説があるとき： 仮説 → 調査 → 結論

仮説がないとき： → 調査 → 仮説 → 再調査 → 結論

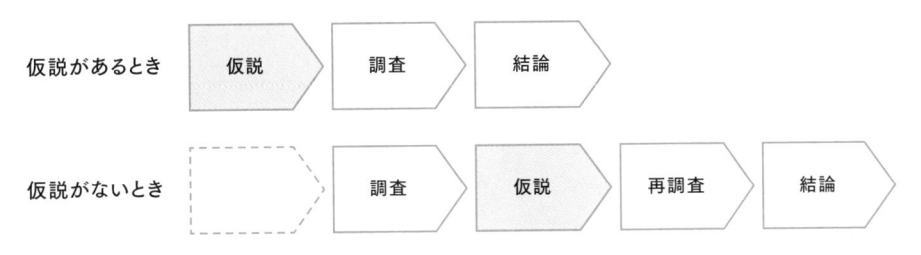

図1 仮説がない状態では仮説を導く調査が必要となる

解決の糸口

そもそもこうした手法が有効かどうか、必要かどうかは対峙する課題もしくは問題により大きく異なります。製品やサービスの利用をユーザー目線で追体験していくこの取り組みは、これまでのアプローチの正当性を検証する材料にもなり得ます。

そのため仮説検証を進めるためにも、できるだけ早い段階でこのアプローチを試用し、これからの取り組みを再確認するとともに、関係者どうしでサービス体験を理解していくことは、1つの調査結果から得られるものよりはるかに多くの機会を得るキッカケにつながります。

そして得られた結果を、プロジェクトの進行に合わせて具現化していくことでこれまでにないアプローチで課題解決をしていけることになります。ここに挙げるよくある課題の誤解を解き、カスタマージャーニーマップの活用について理解していきましょう。

1. 必要かどうかが疑問視されてしまう ▶ これまでとは異なるアプローチとして説明しましょう
2. どのタイミングでつくるのかがわからない ▶ できるだけ早い段階で試すことを心がけましょう
3. ワークショップで満足をして終わってしまう ▶ 「拡散」と「収束」を意識して進めましょう
4. 業務につながらない ▶ プロジェクトを次へと進める「要求事項」としてドキュメント化しましょう

[Knowledge 関連知識]

エクストリームユーザーの観察からわかること

マーケティングにおけるターゲットユーザーとは、一定のボリュームゾーンから平均的なユーザー情報を抜き出して決めますが、エクストリームユーザーとは、ある意味でボリュームゾーンからは外れている異端ユーザーのことを指します。彼らの生活や利用背景をエスノグラフィ調査などで観察することにより、ボリュームゾーンの平均的ユーザーとの共通項や違いを探り、特定の施策やアイデアを実現することができます。

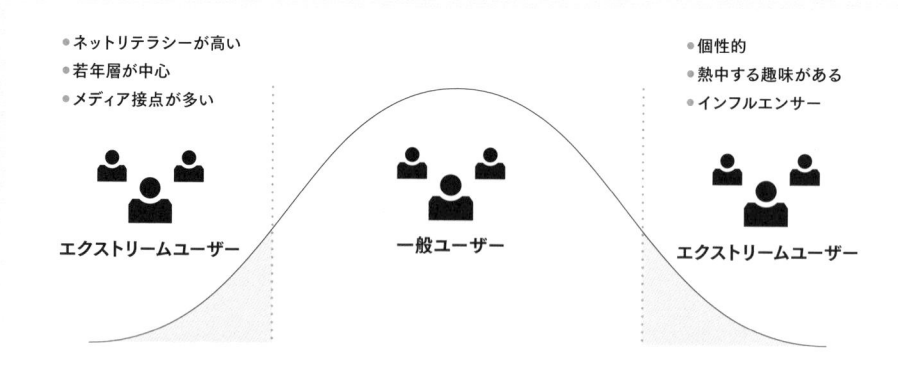

- ネットリテラシーが高い
- 若年層が中心
- メディア接点が多い

- 個性的
- 熱中する趣味がある
- インフルエンサー

エクストリームユーザー　　一般ユーザー　　エクストリームユーザー

図2 エクストリームユーザー

たとえば、入院保険を扱うサービスでエクストリームユーザーの観察から一般ユーザーとは異なる考え方や使い方を分析し、その思考や行動に潜む潜在的ニーズを掘り下げることができます。そうすることで、一般ユーザーにもよりわかりやすい、使いやすいサービスをデザインすることができます。

エスノグラフィ調査

仮説だけではなく実際のユーザーと対話したり、ユーザーの生活における態度や習慣を観察することにより、ユーザー自身が気づいていない課題を発見する調査手法としてエスノグラフィ調査があります。観察法（オブザベーション）とも呼ばれ、被験者を遠くから観察することや無意識の状況を遠隔で記録するなどをして観察します。

洗濯機があるのに、
実際は毎日手洗いをする

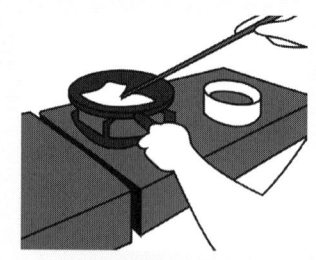

レシピを配布しても
実際は違う調理法で料理をする

図3 エスノグラフィ調査で得られる実態の例

また、写真や動画を使い記録するといったフォトダイアリーや、被験者の自宅を訪問して生活をともにするなどのアプローチがあります。いずれも、観察には手書きのメモや個別に撮影をすることがあり、後で被験者といっしょに視聴して気づきをフィードバックし、潜在的ニーズを顕在化していきます。

アンケート	いくつかの質問から被験者について理解する
インタビュー	被験者の思考を共有し、利用背景について詳しく理解する
自宅訪問	被験者の自宅に訪問し、生活感や利用背景をともに体験する

図4 エスノグラフィ調査のアプローチ例

このように、エクストリームユーザーとエスノグラフィ調査は、これまでの調査では得られなかった新しい「気づき」を得る機会として注目されています。

リアルとデジタルの業務

カスタマージャーニーマップ作成にともなうワークショップや、プロトタイピングツールの活用、そしてエスノグラフィ調査において、リアルで実施する場合とデジタルで実施する場合とがあります。

たとえば、ユーザーの行動を観察し記録するユーザー調査（エスノグラフィ調査）の場合に、被験者を目の前に手書きのメモや写真撮影をする一方、最終的にはデジタル編集作業がともないます。また、関係者を一同に集めたワークショップ形式でディスカッションをしてカスタマージャーニーマップを作成する場合にも、模造紙や付箋といったツールを使うことが多いため、結果をデジタルで編集して後続タスク（企画書やレポート）に渡す必要があります。

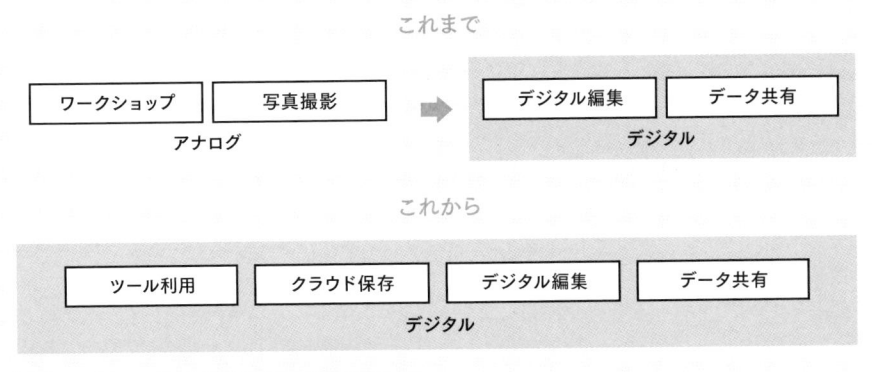

これまで

| ワークショップ | 写真撮影 | → | デジタル編集 | データ共有 |
| アナログ | | | デジタル | |

これから

| ツール利用 | クラウド保存 | デジタル編集 | データ共有 |
| デジタル | | | |

図5 ワークショップにおけるデジタル活用のこれから

わたしたちのワークスタイルにおいてドキュメントのデジタル編集は必須となります。この工程をスムーズに進めるためにははじめからデジタル編集を前提にして、クラウド上に蓄積するといったワークスタイルにフィットさせる必要があります。

[Knowledge 関連知識]

活用が有効な商材

カスタマージャーニーマップを活用して施策を検討する際に、向いている商材と向いていない商材があります。簡単に言うと検討期間が長いもののほうが有効です。検討期間が長いということは一連の流れにおいてさまざまなタッチポイントが生まれ、態度変容をする前提があるからです。たとえば、車や住宅の購入などに当てはまります。

反対に、いわゆる消耗品の類は有効ではないと見ることができます。これは意思決定において検討期間が短く高い知識を必要としないためです。たとえば、歯ブラシや洗剤など購入時に一度に目にする商品数が比較的多いものが当てはまります。その場合、価格やスペックだけで判断することも多いため、カスタマージャーニーマップを描いたとしても意思決定は非常にシンプルです。

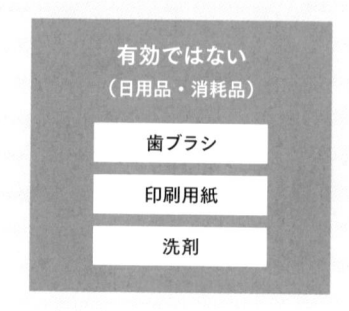

図6 有効な商材と有効ではない商材

有効 （高価・検討期間が長いもの）	有効ではない （日用品・消耗品）
車	歯ブラシ
住宅	印刷用紙
保険	洗剤

新しいデザイン機会を見つけるために

カスタマージャーニーマップで検討をする対象は、既存サービスか新規サービスかにより異なります。調査を経て企画に進む流れはどちらにも当てはまりますが、これまでのものを分析し改善することと、新しい領域にチャレンジすることには違いがあります。

改善とチャレンジの違い

- これまでのものを分析し改善すること

既存の枠組みを変えずに、ユーザーの目的を支援すること（効率アップすること）や、失くしてしまった機会を再浮上して作り直すこと

- 新しい領域にチャレンジすること

既存の枠組みとは異なる領域に、ユーザーとの新しい接点（機会）を創造し、かつ相乗効果を得られるようにすること

活用が有効ではない商材として取り上げたのは、カスタマージャーニーマップで検討できたとしても、結果として実施する施策のうち購入時においてすぐにコンバージョンにつながる施策が見出しにくいことを指しています。それだけ購入時においてに意思決定の要因が少ないためです。

カスタマージャーニーマップで検討することとは、これまで一般的だったことを見直し変化させるための「種（たね）」を見つけることであり、すぐにコンバージョン向上につながるような施策が生まれるものではありません。

カスタマージャーニーマップで検討をすれば…

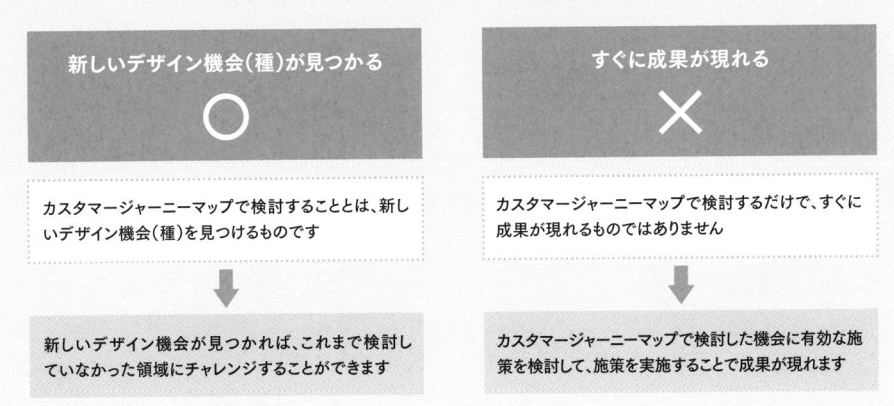

新しいデザイン機会(種)が見つかる ○	すぐに成果が現れる ×
カスタマージャーニーマップで検討することとは、新しいデザイン機会(種)を見つけるものです	カスタマージャーニーマップで検討するだけで、すぐに成果が現れるものではありません
↓	↓
新しいデザイン機会が見つかれば、これまで検討していなかった領域にチャレンジすることができます	カスタマージャーニーマップで検討した機会に有効な施策を検討して、施策を実施することで成果が現れます

図7 新しいデザイン機会の捉え方

たとえば、ECサイトのコンバージョンを向上させるためには、カスタマージャーニーマップを描くよりもA/Bテストを実施したほうが有効な場合がありますし、長期的視点で言えば、ECサイトとは別の接点（たとえばキュレーションサイトなど）をつくりだし、潜在顧客を成長させるような施策を検討するほうが有効です。

図8 キュレーションサイトの例（Lidia）

ライオンが提供している、生活情報メディア「Lidea（リディア）-くらしとココロに、いろどりを。」は、商品情報とは異なるアプローチで、くらしに役立つ情報と生活に関するコンテンツを発信し、新たなユーザーとの接点を見出しています。DMP（Data Management Platform 参考1 ）を活用したレコメンド機能を提供しており、複数のサイトに散在・重複していた自社コンテンツを整理・統合しています。

参考1　Data Management Platform　ユーザの状態を把握した上で、最適な広告メッセージを最適な手段とタイミングで配信を行うためのプラットフォーム。

Q よくある課題	▶ 必要かどうかが疑問視されてしまう
A 解決方法	▶ これまでとは異なるアプローチとして説明しましょう

前提

カスタマージャーニーマップを使用する目的は、調査のほかに企画も含みます。したがって、企画に必要となる利用状況の各種データと、ユーザーの具体的な行動とが一覧化されるため「なぜその施策をする必要があるのか」を俯瞰して見ることができます。その結果、どのサービスとどのサービスとが連携するべきか、どこがボトルネックになっているのか、などを関係者と共有しやすくなります。

カスタマージャーニーマップにすることで、検討段階のユーザー行動シナリオ（ステップ）と実態としてのユーザー行動のギャップを見ていくことができ、現状の課題を見つけやすくすることができます。たとえば、アクセスログなどの定量データを取得しているのであれば、どのステップの数値を計測すればよいのかがわかり、インタビューやアンケートでの定性的なコメントがあれば、どのステップに対してのものなのかをすぐに見つけることが可能です。

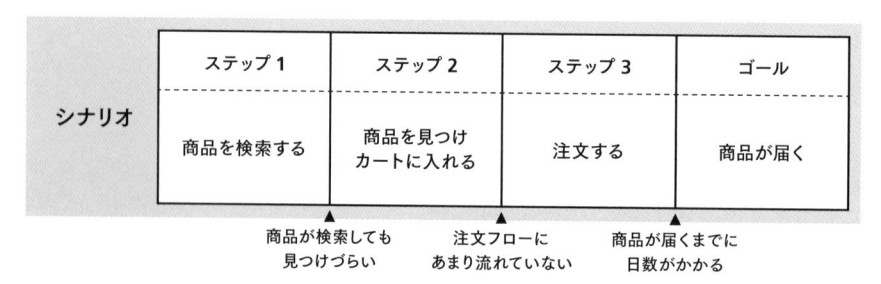

シナリオ	ステップ1	ステップ2	ステップ3	ゴール
	商品を検索する	商品を見つけカートに入れる	注文する	商品が届く
	▲ 商品が検索しても見つけづらい	▲ 注文フローにあまり流れていない	▲ 商品が届くまでに日数がかかる	

図9 シナリオと実態とのギャップ

カスタマージャーニーマップは、そうした調査データをユーザー行動に合わせて見やすくる利点があります。なぜ、カスタマージャーニーマップをつくる必要があるのかは、すべての行動を調査して調べていくには多大なコストが必要になるため、こうだろうという仮説をもとに実態を調査していくほうがはるかに効率がいいからです。

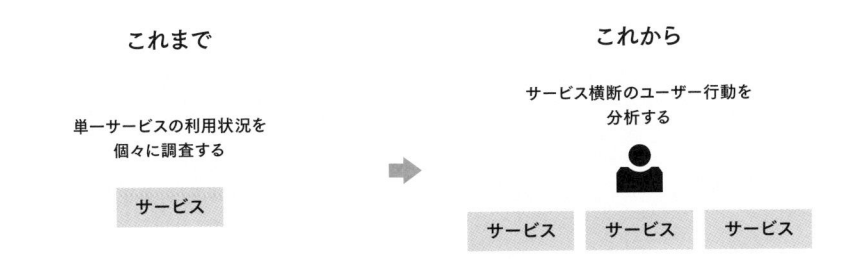

これまで
単一サービスの利用状況を個々に調査する
サービス

これから
サービス横断のユーザー行動を分析する
サービス　サービス　サービス

図10 カスタマージャーニーマップがこれまでのアプローチと異なるポイント

ヒント

カスタマージャーニーマップを活用することは、これまでの個々で実施する調査分析とは異なり、ユーザー行動を基点にしたサービス間のつながりやボトルネックを特定するためです。

進め方のイメージ

カスタマージャーニーマップの作成は、事前に市場やユーザーに関する情報を整理し、製品やサービスにおける目的や目標を立てて取り組みます。いきなりカスタマージャーニーマップを作成するのではなく、必要なステップでものごとを具体化していくことが必要です。

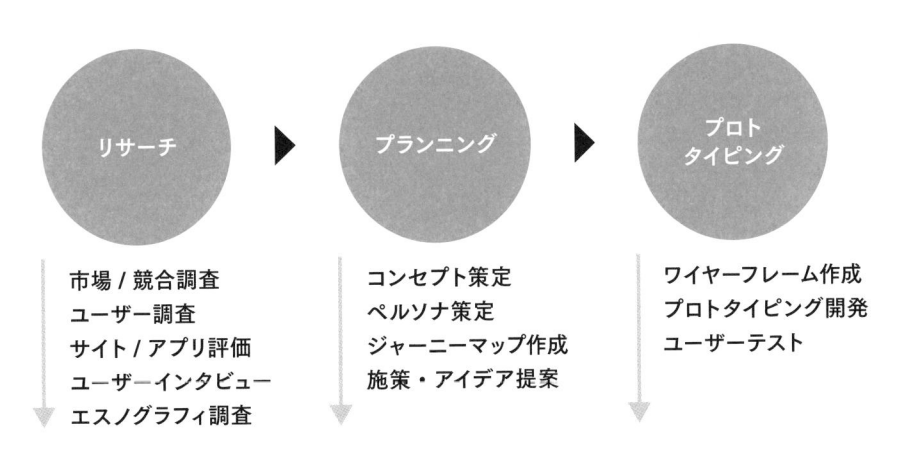

リサーチ → **プランニング** → **プロトタイピング**

リサーチ:
- 市場 / 競合調査
- ユーザー調査
- サイト / アプリ評価
- ユーザーインタビュー
- エスノグラフィ調査

プランニング:
- コンセプト策定
- ペルソナ策定
- ジャーニーマップ作成
- 施策・アイデア提案

プロトタイピング:
- ワイヤーフレーム作成
- プロトタイピング開発
- ユーザーテスト

図11 カスタマージャーニーマップとタスク例

Q ▶ どのタイミングで つくるのかがわからない

よくある課題

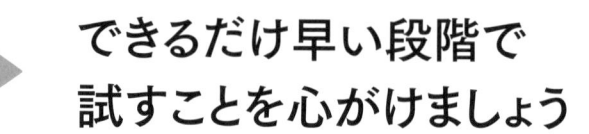

A ▶ できるだけ早い段階で 試すことを心がけましょう

解決方法

前提

カスタマージャーニーマップを作成するタイミングは、主に企画フェーズとなります。製品やサービスの戦略策定、計画時において効果を発揮します。とくに、コンセプトやターゲットユーザーなどを決めて、製品やサービスの利用シーンを思い浮かべるときの想像を具現化して見せて確度を高める役割を担います。

すでに製品やサービスを市場に投入している場合、求められる目標（たとえば流入数の増や離脱の軽減など）をクリアするための計画として活用されます。運用などのフェーズにさしかかっている場合には、どのようにリピーターを増やすことが可能か、具体的な施策を検討する場合などに活用します。

新規開発時	事業やサービス計画時のユーザー体験シナリオ
ローンチ後	プロモーション効果を最大化するシナリオ
継続運用時	会員やリピーターの利用促進シナリオ

表1 カスタマージャーニーマップの作成タイミング

たとえば、すでにWebサイトやアプリがある場合には、それらがどのように使われているかといったアクセス状況を計測することができますが、それらがどういう流れにおける数値なのかが理解できていないとただの数字になってしまいます。そうならないためにも、目的を基準にした一連の流れを可視化していくことが大切です。

したがって、プロモーション効果を最大化することが目的であれば、その施策とコンテンツとが合致したうえで、経路である動線と目的のコンバージョンが上がるまでの流れを追跡していく必要があります。目的や目標は企画の初期段階で決められることが多いため、その際にユーザーにとっての価値をシナリオベースで決めていくことが大切です。UXとは、このようにシナリオに必要な情報を組み合わせて目的達成の効果を測ることです。

ヒント

カスタマージャーニーマップは、企画の段階で作成します。企画に必要となる、事前の調査やデータを収集し後工程として必要なアウトプットを出して進めることが重要です。

進め方のイメージ

カスタマージャーニーマップを企画段階で進めることで、その前後に必要なタスクは「リサーチ」から「プランニング」、「プロトタイピング」などに分かれます。とくに、製品ではなくサービスを開発する場合にはカスタマージャーニーマップを用いてサービス全体像を描くことで、そのサービスにおけるユーザー体験を明確に設計することができます。

カスタマージャーニーマップ

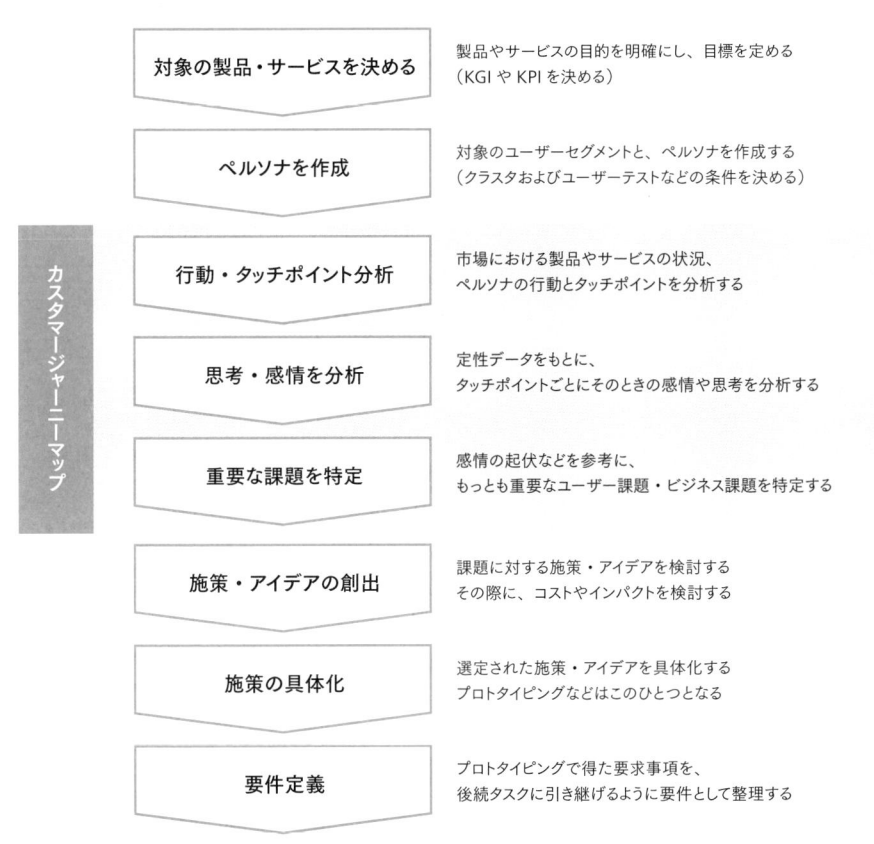

対象の製品・サービスを決める	製品やサービスの目的を明確にし、目標を定める（KGIやKPIを決める）
ペルソナを作成	対象のユーザーセグメントと、ペルソナを作成する（クラスタおよびユーザーテストなどの条件を決める）
行動・タッチポイント分析	市場における製品やサービスの状況、ペルソナの行動とタッチポイントを分析する
思考・感情を分析	定性データをもとに、タッチポイントごとにそのときの感情や思考を分析する
重要な課題を特定	感情の起伏などを参考に、もっとも重要なユーザー課題・ビジネス課題を特定する
施策・アイデアの創出	課題に対する施策・アイデアを検討するその際に、コストやインパクトを検討する
施策の具体化	選定された施策・アイデアを具体化するプロトタイピングなどはこのひとつとなる
要件定義	プロトタイピングで得た要求事項を、後続タスクに引き継ぐように要件として整理する

図12 カスタマージャーニーマップの前後のタスク例

Q ▶ ワークショップで満足して終わってしまう

よくある課題

A ▶ 「拡散」と「収束」を意識して進めましょう

解決方法

前提

ワークショップは、その時間内に効果を発揮するためにファシリテーションする必要があります。カスタマージャーニーマップを作成する目的で行なうワークショップでは、横軸を「利用前・利用中・利用後」として縦軸を「行動・思考・感情曲線」といった具合に構成もミニマムに取り組みます。Chapter5-4「ワークショップによる作成と検証」でも紹介したように、関係者を集めて共同で取り組むことに価値があり、同じ目的を検討する過程でお互いの持つ情報も共有しやすくなります。

図13 ワークショップ中の風景

ただし、ワークショップの実施と実施後の活用には、大きな溝があります。この溝を埋めるためには、業務に活かすことのできるアウトプットにしていく必要があります。多くの場合、ワークショップではその場のディスカッションが中心となり、議論する対象が広範囲になりがちです。結果として参加者全員が「拡散」思考になりやすく、検討を前に進める前に時間切れとなり、収束せずに終わることも多くあります。

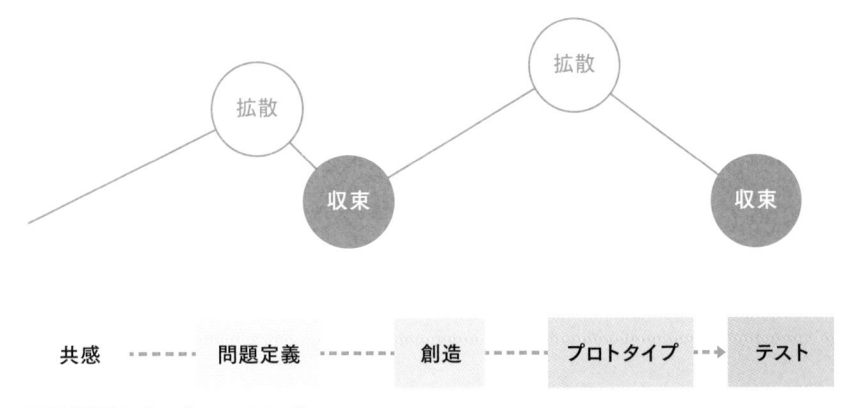

図14 拡散と収束のプロセスイメージ

拡散から収束まで進めるためには、時間を決めてワークショップ内で取り組む手順を明確にして、拡散しているのか収束してるのか参加者にもわかるほうが好ましいです。UXのメソッド（Chapter5-4を参照）を活用することでスムーズに進めることが可能です。

ヒント

ディスカッションをして進める拡散と、ものごとを決めて前に進める収束とを交互に使い分けて取り組み、目的のアウトプットが得れれるようファシリテーションします。

進め方のイメージ

拡散と思考に分けた場合、拡散はブレインストーミングやディスカッションが挙げられ質より量が求められるのに対して、収束には施策やアイデアを出して、分類・統合などの編集が必要となるため量より質が求められます。

ワークショップで得られるアウトプットは、手書きやメモなどの場合が多いため、それらを効率よくデジタルに変換していく必要があります。3Mのアプリ「Post-it Plus 参考1」など、書かれた付箋をカメラで撮影すると、付箋ごとにデータを分類してくれるものもあります。カスタマージャーニーマップの場合には、ワークショップで作成するフォーマットと同じテンプレートを用いて、書き起こすか、ドローツールなどでカード状にしたものに入力をしていくなどの方法があります。

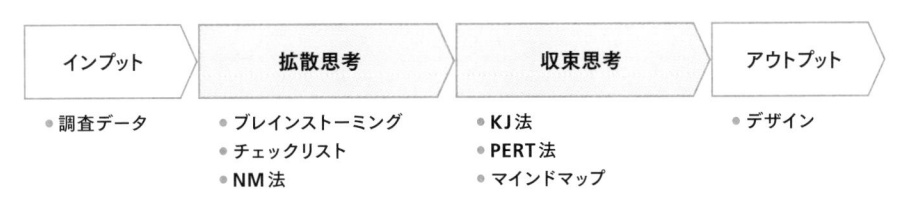

インプット	拡散思考	収束思考	アウトプット
●調査データ	●ブレインストーミング ●チェックリスト ●NM法	●KJ法 ●PERT法 ●マインドマップ	●デザイン

図15 アウトプットまでの流れと調査手法

参考1　Post-it Plus　紙のポストイットを撮影してデジタル化して活用することができるアプリ。
https://itunes.apple.com/jp/app/post-it-plus/id920127738

Q ▶ 業務につながらない
よくある課題

A ▶ プロジェクトを次へと進める「要求事項」としてドキュメント化しましょう
解決方法

前提

HCDプロセスでいう「要求事項の明確化」には、ペルソナやシナリオのほかにカスタマージャーニーマップまでも含まれます。企画においてこれらの取り組みは、次の工程「デザイン」に対してインプット情報にしならなければいけませんので、単に調査の一貫ではなく、次の工程へつなげるインプットであることを意識しましょう。

❹ 評価
評価や検証を行うタスクが含まれているか？
- ユーザビリティテスト
- ヒューリスティック評価
- パフォーマンステストなど

❶ 利用状況の理解と明確化
利用状況を明確にするタスクが含まれているか？
- アンケート
- インタビュー
- フィールド調査
- エスノグラフィ調査など

❸ デザインによる解決案の作成
デザイン提案を作成するタスクが含まれているか？
- プロトタイピング
- カードソーティング
- 認知的ウォークスルーなど

❷ ユーザーや組織の要求事項の明確化
要求事項をまとめるタスクが含まれているか？
- ユースケース図
- ペルソナ
- シナリオなど

HCDプロセス

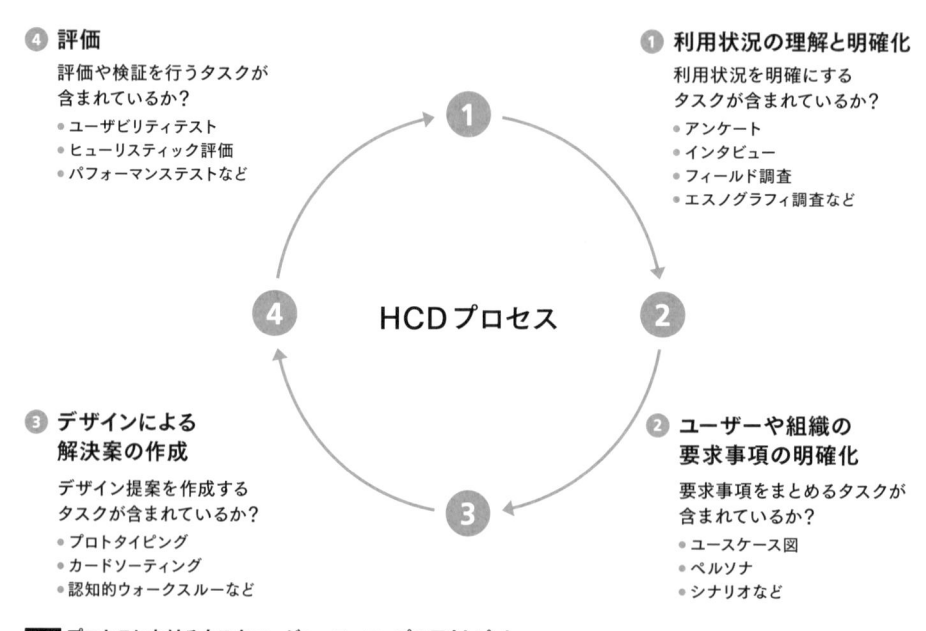

図16 プロセスにおけるカスタマージャーニーマップのアウトプット

多くの場合、カスタマージャーニーマップを作成することが目的になりがちになり、そこから得られたことは参加者どうしの共通認識としてだけ残ることがありますが、そうではなく次の工程につなげるための要求事項として「この場合には、このアイデアや施策を実施する」といった施策案をまとめるところまでを含みます。そのうえで、実施の可否や導入タイミングなどを検討して決めていくという順番です。

施策のアイデアは、ワークショップではイラストのような概念図かも知れませんし、テキストだけのメモかもしれません。施策の有効性を検討するのが次の工程だとする場合には、これらをすべてアウトプットに加える必要があります。そのためにはデジタルデータにする必要がありますし、ワークショップ後のレポートしてまとめる必要があります。

ヒント

カスタマージャーニーマップ自体がアウトプットではなく、その取り組みから得られた施策やアイデアを次の工程にインプットするまでが成果となります。そのためには、取り組む目的を明確にして全体の流れの中の一部としてとらえる必要があります。

進め方のイメージ

施策やアイデアは、実現性（短期・長期）や開発コスト（難易度の高低など）を軸にして整理することができます。拡散思考でいろいろなアイデアを出す一方で、どういう優先順位で取り組むべきかを検討する必要があります。カスタマージャーニーマップを活用することとは、要求事項を明確にする判断基準をユーザーベースで考えること、そしてジャーニーマップで示した目的達成までのシナリオがベースにあることを指します。

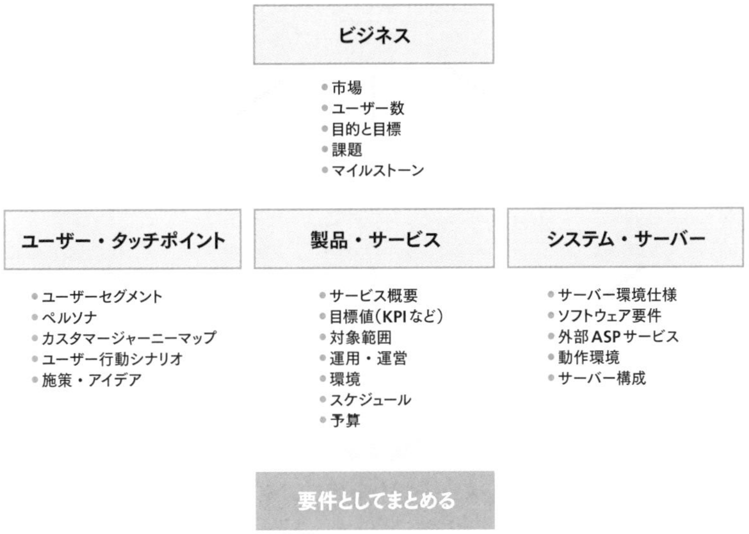

ビジネス
- 市場
- ユーザー数
- 目的と目標
- 課題
- マイルストーン

ユーザー・タッチポイント
- ユーザーセグメント
- ペルソナ
- カスタマージャーニーマップ
- ユーザー行動シナリオ
- 施策・アイデア

製品・サービス
- サービス概要
- 目標値（KPIなど）
- 対象範囲
- 運用・運営
- 環境
- スケジュール
- 予算

システム・サーバー
- サーバー環境仕様
- ソフトウェア要件
- 外部ASPサービス
- 動作環境
- サーバー構成

→ 要件としてまとめる

図17 要求事項までの流れ

Column > カスタマージャーニー分析

ジャーニーマップによる一連の流れをデータで可視化できるようにする「カスタマージャーニー分析」が注目されています。企業視点でみると、オムニチャネル戦略などを推進していくことにより求められる顧客基盤が重要視されていることと、BtoB企業を中心としたMA（マーケティングオートメーション）の活用により、タッチポイントのROI最大化が求められることが背景にあります。

クラスタで可視化する

分析対象をプロダクト単位やセッション単位にする代わりに、顧客単位にする点がこの分析の特徴です。たとえば、ECで商品を購入したユーザーがそのブランドの店舗に来店した場合、「ECでお買上げありがとうございました」とは言われません。これは別々の顧客データをそれぞれが管理しているために起こる問題です。これらを一気に実現するためには大規模なシステム改修やインフラの再整備が関係してくるため、すぐに取りかかるのは現実的ではありません。そこで、カスタマージャーニー分析では、個人といかなくてもユーザーセグメントごとにクラスタリング（データによる分類）をすることで、個々の行動特性に合わせた分析を可能にしています。

これまでの分析	カスタマージャーニー分析
プロダクト（セッション単位）	顧客（クラスタ単位）
チャネルごとの最適化	チャネル横断の最大化（LTV）

図1 リーンUXサイクルと求められる品質

たとえば、コンバージョン率の高いユーザーの行動特性として、来店回数とオンラインでの利用率の関係性に着目することや、ファーストタッチポイント（メール）からECでの購入までのリードタイムなど解析することで、それらの状況をクラスタとして分類することができます。そうしてクラスタごとにタッチポイントでの履歴を参照し、企業の持つ顧客データとひもづけます。つまり、ペルソナやカスタマージャーニーマップで作成した状況をデータで可視化します。そうすることで、個々のチャネルを最適化するのではなく、チャネル横断の結果としてのコンバージョン率の向上（顧客価値の最大化）を目指すことにつながります。

チャネル横断で分析する

分析は、「Googleアナリティクス」などのアクセス分析ツールや「Marketo」などのCRMツール、Chapter5で紹介したようなオンラインツールなどで行います。ただし、それぞれが持つ分析対象には偏りがあるためチャネル横断とくにオンラインとオフラインとをまたぐような計測は、個々のデータが連携する仕組みを準備する必要があります。なお、スモールスタートで実施する場合のノウハウについては「実践的」カスタマージャーニー分析のすすめ 参考1 というスライドを参考にしてみて下さい。

参考1 「実践的」カスタマージャーニー分析のすすめ　http://www.slideshare.net/Uchino/20131126-a2i-costomerjourneyslideshare

Appendix

付録

マーケティングにおける顧客接点と、ユーザー体験におけるインターフェースの開発は、今後さらに進化していく分野です。とくに提供者とユーザーとを結ぶ情報アーキテクチャの構築は、ますます複雑化し求められる分野になるでしょう。私たちは、ケーススタディやトレーニングにより知識や経験を共有していくことが大切です。

Appendix1　インタビュー：アプリUIデザイナーから見たUX
Appendix2　ECサイトにおけるLPパターン
Appendix3　事業会社におけるUXデザインの取り組み
Appendix4　UX Recipeによる挑戦
Appendix5　UXデザインに関する書籍紹介

> Appendix

[Interview]

1 アプリUIデザイナーから見たUX

深津貴之（THE GUILD / fladdict）

Webサイトとアプリの両方がモバイルデバイスでは当然のように使われるようになった状況下で、モバイルサイトがモバイルアプリのUIに学ぶべき点はどこにあるだろうか。iPhoneアプリ開発者でUIデザイナーの深津貴之さんにインタビューした。

※このインタビューは2014年2月に行われたものです。

WebのUXとアプリのUI

坂本 今日はお忙しいなかありがとうございます。

深津 僕は自分のことはUIデザイナーと称していて、UXに関しては門外漢だと思っていますので、適切なお話ができるか甚だ不安ですが（笑）。前著は以前読ませていただいています。事例などを読んでいると、坂本さんは、どちらかというと大規模サイト構築やそのコンサルティングをされている方だな、と思っていますが。

坂本 目を通していただいてありがとうございます。そうなんです。僕のふだんの仕事からすると、マーケティングコンサルティングのような視点で関わることが多くなっています。本書はUXの本ですが、出版社からお話をいただいたとき、エージェンシーの立場でのUXと事業会社のUXは異なるのではないか、という思いがあってエージェンシーに所属する僕の目線だけで書くのは難しいと思っていました。その後、大規模サイトでのスマホ対応プロジェクトに携わる機会があり、グローバル規模のUCDプロジェクトに携わる経験ができたので、引き受けた経緯があります。そうした背景があったので、本書はIAを通してのUXというのがテーマですが。深津さんはIAについてどのようなイメージをお持ちですか？

深津 僕の場合、ゴールに対して問題解決に特化しているというイメージですね。目的もなく眺めるものや、何百も機能があるポータルを作るのとは対照的な仕事で

深津貴之

fladdict / UIデザイナー。大学で都市情報デザインを学んだ後、イギリスにて2年間プロダクトデザインを学ぶ。2005年、tha.ltdに入社。Flashによるコーディング、デザインを精力的に行なう。2009年に独立し、iPhoneアプリなどを開発。2013年、THE GUILDを起ち上げ。

TiltShiftGen2
ミニチュア風からビンテージテイストまで、トイカメラや一眼レフ風の写真が撮れるアプリ。

QuadCamera
4〜8枚の連続撮影を行い、1枚のシートにまとめる連写系トイカメラアプリ。

　　　　す。僕の関わっている設計は、屋外でポケットから取り出して30秒から1分以内に目的を達成するための設計なんですよね。整理しなければならないほどの企画内容がきても、そもそもアプリは向きませんよ、なんてお話をしてしまうこともあります。
坂本　なるほど。そうすると、その企画書をつくる要件定義フェーズから参加してほしいといった要望を貰うこともありますか。
深津　そういう仕事のほうがうれしいですね。
坂本　IAは誰がやるべきものでしょうか？
深津　一番上流の人か、上流から下流まで全部知っている人ということになるのではないでしょうか。あと、最近僕が試しているのは、「全員でつくる」というものです。
坂本　それはすごいですね。ワークショップ的にやっていくのでしょうか。
深津　とりあえず最初のコンセプトモデルとなるアプリをつくった段階で、上流の人も下流の人もどういうものが最終イメージになるかをチェックできるようにする、という感じです。
坂本　深津さんは、ペーパープロトパッドというのをつくってますね。これ、すごくいいですね。
深津　もともとiPhoneのアプリ開発の際に使用するペーパーを社内用につくっていたんですが、プロダクトが好きなので製品にしてしまおうと。ペーパープロトのいいのは、みんなでできることです。人を巻き込むにもいいですし、一番最初の段階では紙にすべきですね。
坂本　最近では、ペーパープロトタイピングのほかに、ブラウザ内で完結するデザイニング・イン・ブラウザという言葉もあります。
深津　最初から画面だけでプロトタイプができるというのは、信用してません（笑）
坂本　ああ、僕もそうです。絵が下手でもキレイに描けるよ、というのが売りなのだとは思いますが。
深津　ペーパープロト用のキレイな絵の描き方って、30分講習すればだれでもできるようになります。ルールがあって、太い線のペンと細い線のペン、薄い色のマーカーと濃い色のマーカーの2種類を用意するんです。要素の輪郭を太い線で描いて、詳細は細い線で描く。ちょっと講習すれば誰でも描けるようになると思うんですが、いい教科書がまだ出ていないですね。
坂本　アプリを1つつくる際、設計に関わる割合はどのくらいですか。
深津　うーん。難しいですが、デザイン1：実装1：設計1と同じくらいの労力でしょうか。時間の割合で言えば、設計にかける時間はかなり短時間です。ほとんどの場合、コンセプトが固まったらアイデア段階でまず最初にコンセプトモデルを作って動かせるようにします。そして実装の期間を一番長くとります。ふつうアプリでは制作費以外にあまり予算がつきませんから、そういう意味でもほかの部分は短期間にまとめなければなりません。
坂本　スピーディーですね。僕はすごく長期の仕事になることが多いので、3か月くらい企画（設計）の部分をやっていることもめずらしくありません。

サイトがアプリを超えられない壁

坂本 モバイルサイトはネイティブアプリ寄りになっていき、反対にネイティブアプリでもハイブリッド（Webアプリ）の場合も珍しくありません。客観的に見ても両方がすり寄ってきているというふうに思えます。サイトを設計することが多い僕の感覚では、モバイルサイトがアプリに寄ってきたと感じていますが、逆の立場ではいかがでしょうか。

深津 だいぶ近くなってきていますが、まだサイトが超えられない大きな2つの壁があります。1つは、レスポンシブの限界です。デバイスに合わせた表現や構造の限界がアプリとは違います。もう1つはサイトの場合はデバイスに特化した機能を付けることができない、ということです。70~80点の体験を作るならばサイトは十分だけれど、90点以上のものをつくるとなるとアプリだと思います。

坂本 そうですね。サイトが80点を超える上でも、アプリのいいところを、うまく活用して、お互いが切磋琢磨できるといいですね。

深津 しかしタイルデザインは、PCで本当に使いやすいのかしらと個人的には思ってしまいますが（笑）。Pinterest以外のサイトで、「ああ、タイルを使って良かった！」という例が思い浮かびません（笑）。

坂本 たしかに…（笑）。ただ、ひとつのUIパターンとして定着はしたので、PCでも容認されるという認識でしょうか。ご自身のアプリの制作で参考にしているアプリやUI資料はありますか。UIに関するネタの共有やストックの方法などについても

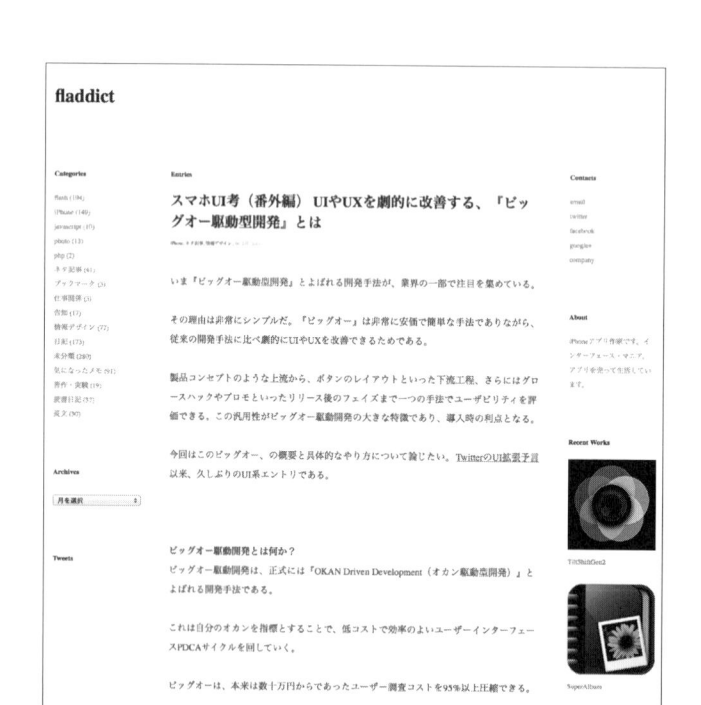

図1 深津さんの個人ブログ
対談でも登場した話題が採り上げられたエントリ「スマホUI考（番外編）UIやUXを劇的に改善する、『ビッグオー駆動型開発』とは」
http://fladdict.net/blog/2014/02/big-o-driven.html

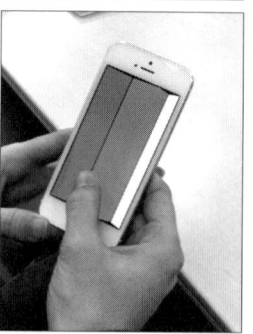

図2 深津さん自作のUI集
気になる動きはUIだけiPhoneアプリとして作ってアーカイブしている

深津 　新しいアプリが出たらいろいろ使ってみるというのはもちろんですが、特に気に入ったUIは目録化して、実際に実装してみることもあります。

坂本 　なるほど！

深津 　たとえば画面遷移の目録を自分でストックしたりですね。こういうものです（左ページ写真：アプリを起動しながら）。回転するにしても一度パネルを後ろに下げてから回転させたりとか、単に2画面を遷移するのに関しても、いくつかのパターンを用意しています。手触り系は、こういう実際に操作できるものがないと判断が難しい。紙のプロトタイプではわからないですね。

坂本 　インタラクションのパターンって僕自身も全然見きれている自信がないし、情報としてまとまっている場所がないですね。今後はこういうナレッジデータベースも増えていくでしょうか。

深津 　できる人が少なすぎるので、あまり増えてはいかないと思います。Flashアニメーション系の人はこういうことができるんだけれど、だんだん失われていっていますよ。Flashがジョブズに殺されて以降（笑）。アプリ開発者はC言語やJavaなどから来ている人が多いので、アニメーションのノウハウのある人が少ないですね。

受託を決める前にプロトタイプをつくる

坂本 　いろいろとお話を伺ってみると、仕事の種類や立ち位置が違うんですが、共通点多くがありますね。アプリに関しては、深津さんがおっしゃっているように、サイトの機能を寄せ集めるより、アプリとして必要なものだけを切り出すアプローチは賛成です。僕の仕事は、あれもこれも、という要件をどう収めるかということが多かったりもするのですが。

深津 　個人的には非常に共感できる意見ですが、可能ならば、機能を減らしたいです。企画書に10個くらい機能が書かれていても、「1個にしましょう！」とか提案してしまいます。

坂本 　非常に共感できる意見ですが、現場でそういう意見が通るのは難しいのではないでしょうか（笑）。

深津 　日テレの「フリフリTV」というアプリを元同僚の奥田（透也）さんと一緒に担当したのですが、これは、主に振るだけのアプリです。振った結果、キャンペーンに登録できたり、番組の紹介が表示されたり、壁紙が増えるというものです。ユーザーとのタッチポイントプラットフォームというのがコンセプトです。最初の企画はてんこ盛りにあって、その中のひとつが振る機能だったんですが、アプリに複数の階層を持たせても誰も振ってくれないというふうに考えて、「振るだけにしましょう！」って（笑）。日テレの担当者が大変度量の広い方だったので、実現したのですが。

坂本 　はじめにあった企画内容から変えるために、提案やプレゼンはどう進めていったのですか。

深津 　最初の企画ベースでは、ユーザーが番組との接点を作るためにスマホを振ることで簡単に応募できるようにするという企画と、それ以外の視聴率や番組表といっ

た別の機能同士がバッティングしてしまっていました。そうなると、振って応募するというアクションを阻害してしまうので、メニューを大幅に削りたいと考えました。最初のオリエンではいったん持ち帰りとしながらも「要らない機能を減らすかなくすほうがいいですよ」、とだけお伝えしておきました。次回のプレゼンで（受託が決まる前ですが）、ある程度のプロトタイプを作って「ほら、振るだけで超気持ちいいアプリになりますよ！」ととりあえずいい感じに動くものを持っていって実演しました。「すごいいい感じですよね！」というので、みんなが乗ったところで一気に企画の変更に舵を切れました（笑）。

坂本 面白いですね(笑)。プロトタイプは先んじてつくっているですね。僕のまわりでは、プロトタイピングの予算をつくってもらい、外部のパートナーに依頼して…というケースもままあるので、そうした動き方ができるというのも重要ですね。

深津 内製できるからということもあり、お金のあてがなくてもつくっちゃう、というのは強みですね。

坂本 クライアントに対して、そういう提案やUIについての提案ができるようになるためはどんなスキルセットが必要だと思いますか？

深津 「論理的に説明する力」、それに「リファレンス力」——自分が説明するときに必要となる資料の引き出しを持っている——でしょうか。その上で、「…で、お話は以上なのですが、あのこれ、ちょっとつくってきたんですけれど（笑）」って、サッと出せるような「プロトタイプを素早くつくれる力」があると、すごくいいと思いますね。

坂本 モノと理論がセットで揃う必要がありますね。

深津 僕は、先行投資だと思ってプロトタイプをつくってしまって、「こういうアプリだったらつくれますよ」というふうに仕事を取れるほうが、最終的にもコントロールもしやすいと思っています。こういうのだったらつくれますよ、って時点でイメージのギャップが最小になりますから。もちろん純粋にUIとUXだけを仕事にする場合は、そこまでは必要ないと思います。ただ、スマホに特化していくためには、UI設計と「手触り感」が結合しているので、結果、両方必要になるかなと。Paper 参考1 だったりFlipboardみたいなものになってくると、IAをやる人が実装も考えないと、ああはならないかなと思いますが。

坂本 そうですね、最終的な手触りまで含めたデザインに取り組める環境でないと、なかなか作ることは難しいですね。

図3 フリフリTV
Nippon Television Network Corporation
http://www.furi2.tv

フリフリTVは、スマートフォンを振るだけのアクションでさまざまな結果が得られる、TVとユーザーとの接点となるアプリ

参考1　Paper　2012年のiPad用ベストアプリにも選ばれた人気スケッチアプリ。スケッチ、図表、イラスト、メモ、図面などにアイデアを書きとめて、ウェブ上でこれらを共有できる。http://www.fiftythree.com/paper

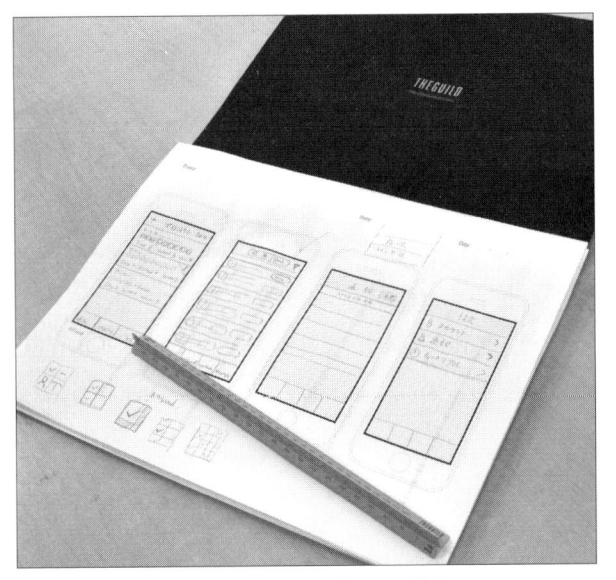

図4 THE GUILDのiPhone用ペーパープロトタイプパッド
深津さんたちが開発に用いていたものを製品化したiPhoneアプリのプロトタイピング用ノート。https://theguild.stores.jpから購入できる。ピクセル寸法の三角スケールは非売品

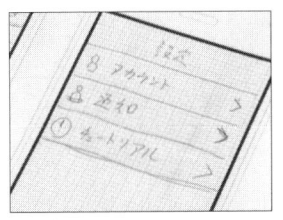

細いグリッドが用いられている

図5 ペーパープロトタイピング入門
http://fladdict.net/blog/2013/11/paper-prototyping-0.html

UXの原体験

坂本 ちなみに深津さんは、UXについてはどうお考えですか。

深津 正直、よくわからないです（笑）。なのでとても比喩的な話になってしまうのですが、うち、実家がコンビニなんですね。いろいろな店員さんがいますけれど、ふつうに礼儀の良い人でもいいのですが、そのなかで人気のある店員さんって時々いて、例えばその店員さん会計後に「いつもありがとうございます」とか「お仕事がんばってください！」とひと言添えたりするんです。すると、顧客満足度がドーンと300％くらいアップするんですね。これが僕のUXに関する原体験で（笑）。

坂本 わかりますね、それ（笑）。UX自体、とても言語化しにくいことですよね。ただ、先ほどの手触り感というのも、その「ありがとうございます」的なUXになり得るかなと思いました。

深津 そうですね。個人的なUXのゴールは、アプリを通して、生活様式や行動を変える体験を作ることだと思っています。たとえば、写真を撮らなかった人がiPhoneになってから写真を撮るようになったとか、日記を書かなかった人がつけるようになった、とか。

坂本 僕はコンビニの例えで言えば、棚の並びを考えたり仕入れの数を決めるような、チェーン店の運営側だったりしますしね。顧客をどうお店の中で動かすかという視点だったり。

深津 僕の場合は、顧客がコンビニに毎日行きたくなるなにかを考えるという視点になると思います。

UIメソッドとスキル

坂本 IAやUIデザインの勉強法や、仕事をするためのメソッドについて考えることはありますか？

深津 パターン化はキーになると思います。UIのツールの目録もそうですが、思考メソッドのようなものですね。ぱっと出てこないですが、フィッシュボーン図とかプロコン・リスト 参考2 とかいくつかありますね。経営コンサルティングの本を読んでて、「この人たちはすごく便利なツールをたくさん持っているんだな」ってデザインにも取り入れるべきだと思いました。また、デザインに関する本だと「ノン・デザイナーズ・デザインブック」とかがデザインに興味がない人を巻き込む入り口としてはよかったと思います。デザインや手触りのように、非言語の領域をエンジニアにもわかる言語に変えて説明できるベースになります。

坂本 実際にスキルを身につけるには？

深津 アプリの分野であれば、まずは手を動かしてつくれるようになること、次に新しいアプリが出たら実際に使って試すこと。そして良い物があれば同じものを実装してみることでしょうか。なぜわざわざ同じものを実装してみるのかというと、つくっている間にどうしてここにボタンが置かれているかとか考えるようになりますから。

坂本 そうですね。実際につくって触れるようにすることで、細部の違いやこだわりにも気づけるようになりますし、僕も仮説をカタチにする際には、そうした細部の違いやこだわりを意図や目的に変換して論理的に整理することがあります。

深津 仕事で、「○○みたいな感じのUIでお願いします」と言われても、純粋にコピーするんじゃなく、ボタンひとつの位置を考えてみる、なぜボタンがここになったんだろうというようなことをリバース・コンパイルしていくことも必要ですね。

坂本 ところで、そうした考え方やスキルは、誰かに教わったことはありますか？　たとえば学校で学んだことは仕事に影響していますか。

深津 プロダクトデザインの学生としてロンドンのアートスクールに入学して最初に言われたのは、「かっこよくするのはスタイリングだから、それをやりたいやつはスタイリストになれ。デザインは違うぞ」ということ。それと学生の3分の2が外国人で言語もバラバラ、文化もバラバラなのでプレゼンのスキルはすごく重要でした。物をつくるだけではだめで、コンセプト、理由が言えたり、ひと言で言い表せたりといったことがないと言語も文化圏も違う人を納得させるということができない。そこは鍛えられましたね。言語化しづらいものを言語化するようなところはやはり留学時代で教えられたところかなと。ただ学校では勉強の仕方を覚えるところで、そのあとは自分で経験したり磨きをかけるしかないです。

参考2　フィッシュボーン図とかプロコン・リスト　フィッシュボーン図とは、あいまいな問題なブレイクダウンして問題と原因を分析するツール。図が魚の骨のカタチからそう呼ばれる。プロコンリストとは、長所と短所を並列に並べたリストのことを指す。

——UXにしてもアプリのUIにしても、ライブラリといっても、分類のルールは存在しているのですか？

深津 俺流ルールにはなってくると思いますね。王道はまったくないと思います。

坂本 基本的な考え方は、俺メソッドということですよね（笑）。

深津 俺流ルールは、ある問題があって、それを解くために適切なツールを使って問題を明確にしていった。それが積み重なったらこうなったという感じでしょうか。

坂本 そうですね。単純に積み上げただけで深津さんのように考えられればいいと思うのですが、この分野での教育のしかたにも課題はあると思います。実際、深津さんのようにできる人は手元に資料を貯めているわけですよね。パターンがあることで思考が整理されるのであって、そうしたナレッジをオープン化できたらいいな、と思いますね。深津さんが客観的に自分のつくったものを見る上で工夫していることは何かありますか。

深津 ジョーク的には「おかんエグザム」と「合コンエグザム」っていうのを提唱しています。ブログでは「ビッグオー駆動型開発」と名づけました。夜中に「これ使い方わからないわー」っておかんが電話をかけてきてもサポートできる自信があるアプリが作れているのか、ということです。「このアプリ、おかんには紹介したくないな」と思ったら、たぶんフローか設計が間違ってるか要件が多すぎる（笑）。合コンエグザムは、もちろん、合コンやバーとかで飲んでて、「ねぇ、どんな仕事やってるの？」って聞かれたときに、自分のアプリをさっと見せて、女の子にも説明できる。実演したときに白けさせない（笑）。

坂本 合コンはわかりやすいですね（笑）。

深津 これを話してもみんなあまり本気にしてないけれど、言語化できないレベルをきちんとジャッジできると思うんですけどね。プレゼンでコケるアプリは、コンセプト設計が悪いと思いますし。

坂本 サイトとアプリの違いは当然あると思っていましたが、デザインパターンとしてとらえた場合には、とても共通項があると感じました。一方で、モーションデザインにフォーカスする深津さんの姿勢は、個人的にはとても新鮮に映りました。また、UIデザインに関わることで、自分なりにナレッジを貯めていく試みは、視点こそ違えど、僕も実践していこうと思います。今日はありがとうございました。

インタビューを終えて

> Appendix

2 ECサイトにおける LPパターン

稲本浩介（株式会社ゼネラルアサヒ 情報アーキテクト）

ECサイトのランディングページ（以降、LP）には、様々な見え方や作り方がありますが、それらはある共通のパターンで成り立っています。そのパターンを知り、さらに今後LPをとりまく環境の変化に目を向けることで、よりよい購入体験をつくり出すことができます。

LPについて

LPは、リスティング広告やバナー広告、メールマガジンなどから訪れる最初のページのことを指します。LPの一番の役割は商品を売ることであり、「そのページで売れたかどうか」が指標となる非常にシンプルなものです。ユーザーが迷わず購入できるように、またページからの離脱を防ぐために、多くのLPは縦に長い1ページで構成されるという特徴があります。

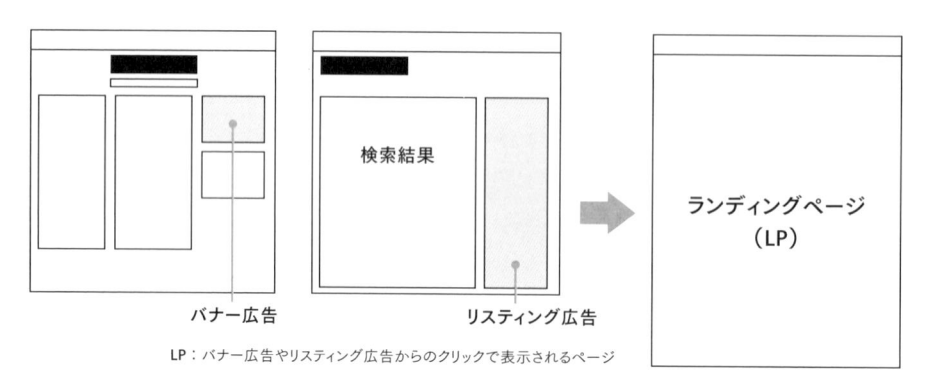

図1 検索エンジン→LPで購入という流れ

また運用面では、通常A/Bテストとして、クリエイティブのテストを数多く実施し、最適解を求めていくという手法をとります。運用中のA/Bテストではコピーだけの差し替えやトップイメージだけの差し替えなど細かな違いでテストすることが多く、構造部分での変更は非常に稀です。

この運用手法は、長期的に見ればHCDのプロセスに沿ったものですが、先述したように「そのページで売れたかどうか」が指標となるため、実際の現場においては非常に短期的な効果で評価される場合があります。その影響からか、発信側（企業側）と受信側（ユーザー）の間に温度差が生まれ、最適解を求めるはずの更新がまったく見当はずれの結果

になってしまうこともあります。あらゆるWebコンテンツの中でLPは、発信側と受信側の温度差が大きくなる可能性を非常に持ったツールです。

6つの構成モジュール

LPは、目的が非常にシンプルであるがゆえにその構造も非常にシンプルです。ページの中身は、情報構造という視点で言えば基本的に以下の表に示す6つのモジュールで構成され、それぞれよく使われる表現手法が存在します。

LPの構成モジュール	表現方法
1. 商品の特徴	・ポイント1、2、3のように見出しを大きくつける
2. 商品の詳細説明	・「約〇〇%」などの表現ではなく、具体的な数値として表現する ・なるべく図表を使い、読まずとも目で見て把握できるようにする
3. ユーザーの声、体験談	・なるべく写真付きで掲載し、写真内の顔の向きを体験談のテキストの方を向かせ、あたかもしゃべっているかのような演出にする
4. 開発者・関係者のコメント	・実際の開発者や関係者を表示させることで、商品の良い点に関する裏付けを表現する
5. 特典などフックになるオファー	・「今なら」や「限定」など目を引くキーワードを表示させ目立たせる

図2 各構成モジュールの表現方法

これらのモジュールを組み合わせてページを設計するのですが、多くの情報が入った縦に長いページをユーザーが全て読んでくれるとは限りません。スクロールをしながらでもページ内の概要がつかめるよう、例えば見出しだけで全体を把握できるようにする配慮が必要です。

3つのコンテンツパターン

LP内で商品の紹介をどのように行なっていくかを検討する際に、大きく次の3つのパターンで考えます。これらはLPのファーストビューだけでなく、LPへの誘導前の広告内のクリエイティブを考えるときにも役に立ちます。

商品訴求パターン
製法・素材・産地など商品に関することや、ユーザーの満足度などをもとに「いかにその商品がすばらしいか」を前面に出すパターン。具体的な数値や、学術的調査結果などから展開する。

共感パターン
「こんなことで困っていませんか？」などユーザーに対しての問いかけから、共感を得るパターン。現状の不安・不満・不便などネガティブ要素を指摘し、その解決策への提案として商品紹介を展開する。

提案パターン
商品を使った後に訪れる素敵な未来をイメージさせるパターン。体験者の成功事例などを多く活用する。

目的別パターンサンプル

LPには単品通販と総合通販、都度買い型商品、リピート型商品などがあり、具体的な制作手法は異なります。リピート型商品の通販を例に、目的別の3つのパターンをワイヤーフレームで紹介します。リピート型通販とは、化粧品や健康食品のような同じ商品を繰り返し利用してもらうことが重要となる通販の形です。

リピート型通販の場合、新規ユーザーを獲得・定期購入への誘導・別商品を購入させるという、大きく3つの目的を達成するLPを作成することが多くあります。先述した構成モジュールとコンテンツパターンを元に情報設計を行なうと、それぞれ以下のような構造でLPを作成することができます。

目的	新規ユーザーの獲得	定期購入への誘導	別商品の購入（クロスセル）
ユーザー状況	自身が抱える問題に対する解決策を探している	一度商品の経験をしている	現状商品をしっかり利用している
ポイント	現状の共感から問題解決への手引	内容は把握されているので、買いやすさを重視した構成	商品訴求ではあるが、新規と違い紹介程度にとどめる

パターン1（新規ユーザーの獲得）
- ○○でお困りの方いらっしゃいませんか？
- クロージング（ページ内リンク）
- 特徴1、2、3
- クロージング（ページ内リンク）
- 開発者の声、こだわり
- クロージング（ページ内リンク）
- 体験者の声
- クロージング（特典提示）

パターン2（定期購入への誘導）
- ずっと使い続けてほしくてこちらをご用意しました。
- 継続的に利用している体験者の声
- クロージング
  ※入力のしやすさ

パターン3（別商品の購入）
- ○○をお使いの方だけに合わせて使っていただきたい商品のご紹介です。
- 特徴1、2、3
- 開発者の声、こだわり
- クロージング（ページ内リンク）
- 体験者の声
- クロージング（特典提示）

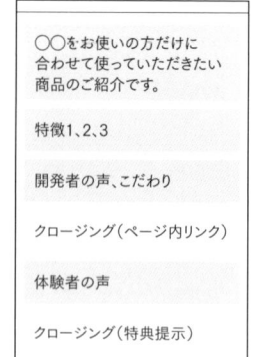

図3 LP構成のサンプル

モバイルへの対応

今やモバイルでのインターネット利用は日常的なものです。モバイルユーザーの特性として、ページ遷移や情報量の多さに対してストレスを感じやすいというものがあります。そのため、先述しているように全体を把握しやすく1ページで構成されたデスクトップサイトのLPは、モバイルサイトのLPとして比較的簡単に流用できるように感じられます。

しかし、ユーザーの行動という視点から見ると、デスクトップサイトのLPとモバイルサイトのLPではやや異なりを見せます。前者はオンラインでの購買活動がほとんどである

ことに比べ、後者はオンライン/オフラインを含めた一連の購買活動の一部であるケースが多くなってきています。

つまり、モバイルサイトのLPはデスクトップサイトのLPのように「そのページだけで売る」というつくり方だけでは対応できません。モバイルへの対応を行う際には、購買活動全般を俯瞰で捉えることが必要になります。

タッチポイントを考慮した情報構造の設計

ユーザーとのタッチポイントが莫大に増えていることは改めて述べるまでもありません。多種多様なデバイス、利用するサービスやアプリ、そしてそれらを利用するシチュエーション。情報を伝えるということにおいて、私たちはオンライン/オフラインを問わず非常に多くのタッチポイントを考慮しなくてはならなくなりました。LPを見ているユーザーは、LPだけで情報を得ているわけでなく様々なメディアから情報を得た上でLPを見ていることを前提とすべきです。

たとえば、チラシから誘導することを前提としたLPを作成する場合、LPの内容がチラシと全く同じものしか掲載されていないとしたら、そのLPにある情報は果たしてユーザーが欲しい情報なのでしょうか？

オンラインとオフラインが交差しながら情報が伝わっていくという事実を十分に理解し、LP内にどのような情報を掲載するかを設計することは、今後さらに必要になってくるでしょう。

多様化するLPに対するマインドシフト

現時点においてLPは、先述の通り「そのページで売れたかどうか」が重要です。しかしタッチポイントの増加に伴いLPの役割が「購入検討のみ」というシチュエーションも今後増えてくるでしょう。そういった状況に対応した情報設計の必要性は当然のことながら、評価における考え方も変えなくてはなりません。現在のような、直接的に「売れた」「売れない」の評価だけではなく、商品の購入体験においてどこまで影響を与えることができたかという間接的な効果も評価していかなければなりません。

現在のLPという言葉では分類できないLPをユーザーが利用しはじめます。その時に今まで以上に広い視野での情報構造の設計が、よりよい購入体験をつくり出すことにつながると感じています。

> Appendix

3 事業会社における UXデザインの取り組み

村越 悟（株式会社グッドパッチ 取締役）

UXデザインの対象となる業務範囲や影響範囲は、事業会社のビジネスモデルによって解釈が異なります。ここでは、エージェンシーサイド、事業会社サイド、両方を経験した筆者の経験から両者を比較しつつ、事業会社内でのUXデザイン活動における「ビジネスへの洞察力と仮説思考力の導入」「UXデザインの取り組みを組織（企業）へ浸透させる方法」について述べます。

的確な仮説を立てるために、ビジネスを洞察し、理解する

UXデザイン活動を行うにあたって求められる要素をエージェンシーと事業会社で比較すると、以下のような対比になります。

ビジネスモデル	視点	期間	コミットメント
エージェンシー	コンサルティング／構築	短期・有期	PV/UU/CVR 向上が収益に寄与
事業会社	サービス改善／収益改善	長期・継続	収益のための PV/UU/CVR 向上

図1 UXデザイン活動を行う上でのエージェンシーと事業会社との対比

前提として、両者ともUXに関する基本的な知識やスキル、自社・クライアントのビジネスに対する理解が求められることは言うまでもありません。大きな違いは、立ち位置の違いによる「視点の違い」と「コミットメントの仕方」にあると考えます。エージェンシーでは、プロジェクトを契約ベース・有期で請け負うのに対して、事業会社はサービスや事業の改善に長期的に継続的に取り組むことが求められます。また、UXデザインの成果も結果的には事業の成長や収益への寄与が求められるため、「ユーザへの利用価値の最大化」という視点だけではなく、事業戦略やビジネスモデルという情報に触れ、それを解釈し理解することが必要不可欠な要素になってきます。

以下に、事業会社におけるUXデザイナーが持つべき視点をまとめてみました。

事業会社におけるUXデザイナーが持つべき視点

洞察力：Web の制作や運用だけではなく、ビジネスや事業戦略等を理解し、洞察する力
思考力：ビジネスや事業戦略と、実際の UX デザインプロセスを関連づけて考える力
推進力：理解や思考を具体的にプロジェクトとしてアウトプットする力

3つはそれぞれ関連し合っており、相互補完的な役割を示すと言えます。

前述のとおり、リリースされるサービスは、たとえKPI 参考1 がPVやUUのような直接的に収益に結びつく指標でなかったとしても、最終的なゴールは収益となります。

そこでは、ビジネスの動きを感じ取り理解する洞察力と、ビジネス視点とユーザー視点を関連づけて仮説を構築する思考力が求められます。さらに、洞察や仮説を確実にプロジェクトとして実行し、リリースという形で具体化する推進力が求められます。事業会社におけるUXデザイン活動は、前述の通り、長期的に継続して行なわれるものであるため、「社内の合意形成を行ないながらスムーズにプロジェクトを進める」という力と、「よりよいモノが継続的に生み出されるために組織内にUXデザインを浸透させる」という視点が非常に重要で、そのことによって企業全体としてUXデザインの質をさらに高みに上げることにもつながるのだと考えます。では、UXデザインの質の向上のためにUXデザイナーができることは何でしょうか？

UXデザインは組織への浸透を目指すべきである

筆者が事業会社に在籍していた時は、UXデザインを行うチームは事業部付きではなく、横断部署の中の1機能として起ち上がり、さまざまなプロジェクトのUX改善に横串で関わるという立ち位置でした。

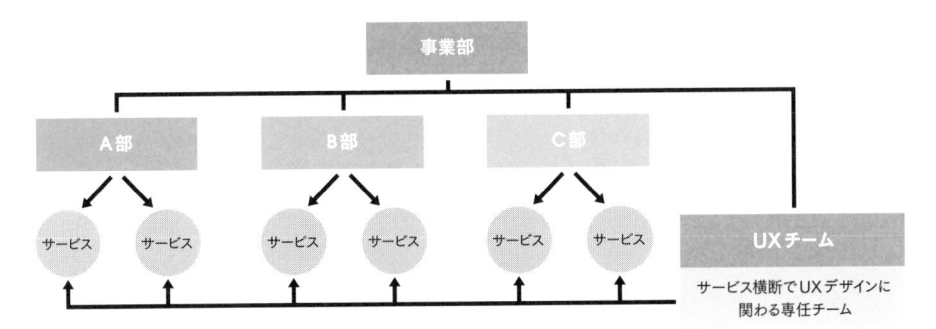

図2 組織内での立ち位置について

多くのプロダクトのUX改善に関わることが求められる反面、プロダクト数に対して、チームの人員が限られているため、一度に関わることができる案件数には限りがあります。しかし、限られた人数で限られた事業やプロジェクトにしかUXデザイナーの知見が取り入れられないままでは、事業貢献という視点で企業的に価値を出すことは難しいでしょう。そこで重要になってくるのは、「組織浸透」に対する視点とコミットメントです。よりよい環境を作ることで、よりよいモノが産まれやすくする、そのためにUXデザイナーが取り組むことができる事柄を4つに整理してみました。

組織的にUXデザインに取り組むための4つの視点

効率化：スピード感と精度のバランスを考慮したワークフローの設計
仕組み：ワークフローを仕組み化して、組織に横展開が可能にする
可視化：情報のフレーミングや図式化を通じてコミュニケーションや論点を可視化する
伝播：小さな成功事例を多く蓄積し、社内に継続的に伝達していく

参考1　KPI　重要業績評価指標「Key Performance Indicators」の略。目標の達成度合い（パフォーマンス）を計る定量的な指標のこと。これに対してプロセスの目標（ゴール）を達成したかを定量的に表すものを「KGI」という。

1つ目の「効率化」は、スピード感を持たせるためのワークフローの最適化を意味します。より多くの案件にコミットするためのスピード感を持ったワークフローを設計することが重要です。筆者が所属する組織で実践しているのは「テストファースト」のアプローチです。基本的には「利用状況の理解と明確化」、「ユーザーや組織の要求事項の明確化」、「デザインによる解決案の作成」、「評価」というHCDプロセスに準拠したワークフローですが、仮説の構築にスピード感を持たせるために、定量調査や定性調査などによる情報収集よりも、現状のサービスに対するユーザーテストからの仮説発見に重きを置くアプローチを重視しています。情報を集めすぎても仮説の精度が上がるわけではなく、期間も工数も圧迫するので、必要最低限の情報で仮説を構築し、改善案をプロトタイピングする、というコンパクトなワークフローを実践しています。

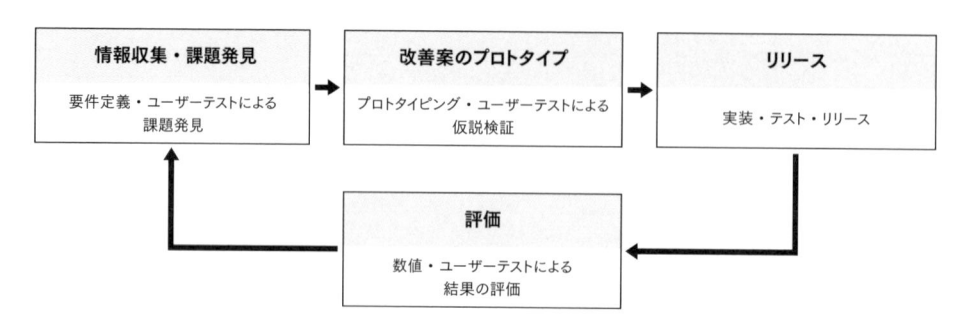

```
情報収集・課題発見 → 改善案のプロトタイプ → リリース
要件定義・ユーザーテストによる   プロトタイピング・ユーザーテストによる   実装・テスト・リリース
課題発見                        仮説検証
        ↑                                                    ↓
                        評価
                数値・ユーザーテストによる
                     結果の評価
```

図3 効率的なワークフローをデザインする

2つ目の「仕組み」は、属人化を極力防ぐためにワークフロー中のタスクをテンプレート化するなど、「誰でも活用できるツールを用意する」ということです。

効率的なワークフローをUXデザインチームが実践するだけではなく、知見として横展開可能な形としてパッケージ化するという視点が重要です。課題抽出のためのヒアリングポイントや、テストの際のタスク設計・シナリオのチェックポイント等を事前にチェックリスト化、定形化することで、いろいろなプロジェクトで再利用可能にします。

背景	例:サービス開始から期間が経った
改善施策の目的	例:○○を行うことで、新規ユーザー定着率を向上
認識している課題	例:売り上げの減少、新規ユーザーの定着率が下落
KPI	例:滞在率、定着率、再訪率
直近の売り上げトレンド	例:○月は○○万円など
アクセス傾向	例:離脱率が高いのは○○ページ
プロジェクトスコープ	例:○○カテゴリ配下
改善施策のリリース予定	例:○○年○○月
ユーザーセグメント	例:再訪率別など

図4 パッケージ化のイメージ(要件のヒアリングポイントの例)

3つ目の可視化は、文字通り「情報を構造化し、可視化する」ということです。これは、プロジェクト関係者間のコミュニケーションの最適化を意味しています。日々、メールやチャットやミーティングという場面を通じて、膨大な量の情報がプロジェクトの中で

も生み出されていきますが、往々にして議論されているようで論点が整理されず、議論の方向が定まらないという問題が発生しがちです。重要なのは「論点を書き出して構造化」するということです。そのために筆者は、会議にKJ法 参考2 のような情報分類手法を取り入れ、付箋で論点を構造化、可視化する手法を実践していますが、関係者間の理解度や関与度を高めるのに有効に機能しています。

図5 会議中に行うKJ法のイメージ

4つ目の「伝播」は、「組織浸透」の直接的なアクションとなる部分です。前述した3つの視点では、プロジェクトの効率的な進め方への言及でしたが、「蓄積された小さな成功事例を数多く組織に共有することがさらに重要です。実践手法としては、社内における勉強会で定期的に発表できるよう場を設ける、社内報等の社内広報媒体に取り上げられるようアプローチする、などの草の根活動も必要になってきます。

丁寧な対話を通じて、組織全体でUXデザインと向き合う

本節では、事業会社におけるUXデザイン活動は、ユーザとビジネス両方の視点をバランスよく持つことと、組織的によりよいサービスが生まれるための環境をデザインすること、2つのミッションを持つ必要があるということについて触れてきました。

これらの視点を根底で支える重要な要素が「対話」です。リリースするサービスを通じてユーザと対話するというのはもちろんのこと、プロジェクトを推進する時も関係者との対話を丁寧に行うことがUXデザインを組織に浸透させる上では重要です。ワークショップ等の手法を通じた議論の可視化、構造化といった日々のコミュニケーションから関係者に気づきを与える、そしてそれを組織のより多くの人に伝え続けること。長期的、かつ地道な取り組みではありますが、その繰り返しが「ユーザのための利用価値の最大化」と「組織として、ユーザ利用価値とビジネス視点のバランスの最適化」の両方を実現することにつながると考えます。そして、それが事業会社におけるUXデザイン活動の1つの到達点と言えるのではないでしょうか。

参考2 KJ法　蓄積された情報（データ）から必要なものを取り出し、関連するものをつなぎあわせて整理し統合する手法。統合してまとめてゆくアプローチのため、統合型思考法とも呼ばれる。KJとは考案者（川喜田二郎）のイニシャルにちなむ。

> Appendix

4 UX Recipeによる挑戦

専門知識がない人でも簡単にカスタマージャーニーマップがつくれるオンラインツールとはどういったものだろうか。海外製品しかない市場において、日本独自の文化や使い方に焦点を当てたツール「UX Recipe」を通じて筆者の取り組みを紹介する。

開発の背景

近年のデザイン活動において、本書で述べている「カスタマージャーニーマップ」を使った活動は注目を浴びています。いつでもどこでもユーザーが使える仕組みとして「オムニチャネル」という言葉がマーケティングにおいても使われ、ありとあらゆるものがインターネットによりつながっている現代に、ユーザーとビジネスとをつなげる手段のひとつとしてこのツールに注目が集まっています。

カスタマージャーニーマップとは、ユーザー体験（たとえば購買行動）を可視化する手法で、ユーザーが目に触れたメディアや場所・環境などを関連づけ、そのときの思考・感情を1枚のマップにおさめて表現したものです。つまり、ある利用シーンを5W1Hのように分解することにより、それぞれの関係性を理解します。

活用方法もさまざまあり、ワークショップ形式でディスカッションしながらビジネス課題を検討したり、調査データを並べて現状分析に活用したり、将来の製品やサービスの利用のされ方を検証したりといったことなどがあります。とくに、デザイン思考プロセスとして新製品やサービス企画に活用されることが多くあります。

オンラインツールの課題

そうした背景にも関わらず、オンライン上でカスタマージャーニーマップを作成するツールは2016年現在でも海外製品しかない状態です。その中でもExperienceFellowが代表例ですが、2万円～と価格が高くエンタープライズ向けの製品であることがわかります。また、SalesFource Marketing CloudのJourney BuilderやIBMのJourney DesignerもCRMツールとしての機能が豊富なだけにさらに高価で複雑な印象があります。

また、ユーザー行動を可視化する場合には、ふだんの生活の中にある行動（たとえば、朝起きるなど）が中心に描かれなければいけませんが、こうしたツールではデータ取得が可

能な範囲（たとえば、メールの開封やクリックなど）でしか描かれない課題があります。

こうした課題を解決するには、エンタープライズ向けではなくパーソナル向けに安価で提供し、機能はいたってシンプルにすることが重要です。そしてユーザー体験を可視化するツールとして、生活の中にある行動から描けるようにする必要があります。

UX Recipeのアプローチ

カスタマージャーニーマップを作成する作業を簡単にするには、ワークショップで付箋に書いている作業を自動的に行えるようにすることが必要です。そこで、ユーザー行動（アクティビティ）をカード化して一覧から選べるようにしました。前述したオンラインツールではExcelと変わらないインターフェースでテキスト入力を大量に要するものが中心でしたので、テキスト入力を軽減するアプローチで取り組みました。

図1 ユーザー行動をカードから選択する

また、専門家でなくてもつくれるように、本ツールでは作成するカスタマージャーニーマップを「レシピ」と呼ぶようにして、ユーザー行動のカードを食材にみたてオリジナルのレシピを作成するようにしました。

企画書で活用するために

カスタマージャーニーマップの作成は、主に企画フェーズで利用されるため、どうしても企画書の一部という見方が強いのが日本独自の見解です。さらに、企画書のほとんどはPowerPointなどで作成されることが多いため、カスタマージャーニーマップが説明に必要な時には、図形を駆使して毎回つくりこんだり、ワークショップを実施した風景や付箋がたくさん貼ってある写真を貼り付けたりする必要がありました。

このことから、オンラインツール単独で作業が終わるのではなく、最終的にはオフィス

ツールに貼り付けて活用してもらうことを考えました。ユーザー行動はアイコンつきのカードを選び並べるだけ、感情曲線もスマイルアイコンの選択だけで曲線が自動的につながるようになっています。そして、編集したものはすぐに画像に書き出すことができるため、オフィスツールに貼り付けてもらうことが可能になりました。

さらに、毎回つくりこむことをしなくていいようクラウド上に保存されるため、いつでも流用することが可能になります。

図2 クラウド上に保存されたレシピ一覧

今後のデザインの取り組み方

カスタマージャーニーマップと同様にUX調査として注目を浴びているエスノグラフィ調査があります。主にユーザー行動を観察する調査ですが、この観察を記録するアプリも並行して開発中です。写真撮影に加えてジャーニーマップで使う場所やチャネル、感情などを記録できるものです。その記録はWebを通じて同期することができるため、調査結果をジャーニーマップに活用することが簡単に行なえます。

図3 iOSモバイルアプリ「UX Recipe」

こうしたエスノグラフィ調査からカスタマージャーニーマップを用いて自分の考えを語ることは、ストーリーテリングの練習にもなり、今後さまざまな場面で広く活用されることが考えられます。

ストーリーとデジタル活用の側面が浸透していくことで、お互いのストーリーを共有し、ユーザー行動パターンが蓄積されていきます。そのようなパターンを見聞きすることが増えれば、デザイン活動においてのユーザー理解やリテラシーの向上を助ける仕組みとして活用されていくと考えます。

ご利用方法

「UX Recipe」は、オンラインツールですのでWebブラウザからアクセスしていただく必要があります。2016年2月現在、デスクトップ向けWebサイトのみで提供しています。

こんな方にオススメ
- カスタマージャーニーマップを作りたい方
- カスタマージャーニーマップを保存し、二次利用に活かしたい方
- ほかの人が作ったカスタマージャーニーマップを見たい方
- カスタマー（ユーザー）の行動パターンを整理したい方
- 自分の考えをジャーニーマップ（ストーリー）にして伝えたい方

専門家のツールに見えがちな本ツールですが、ストーリーを描くという点では日常の記録（日記や旅行記、道順や手順など）としても使うことができます。

2016年3月現在、ベータ版登録ができるティザーサイト 参考2 を公開しています。登録をご希望される場合はメールアドレスを登録してください。お知らせが届きます。ユーザー登録のお知らせは順次行なわさせていただいています。

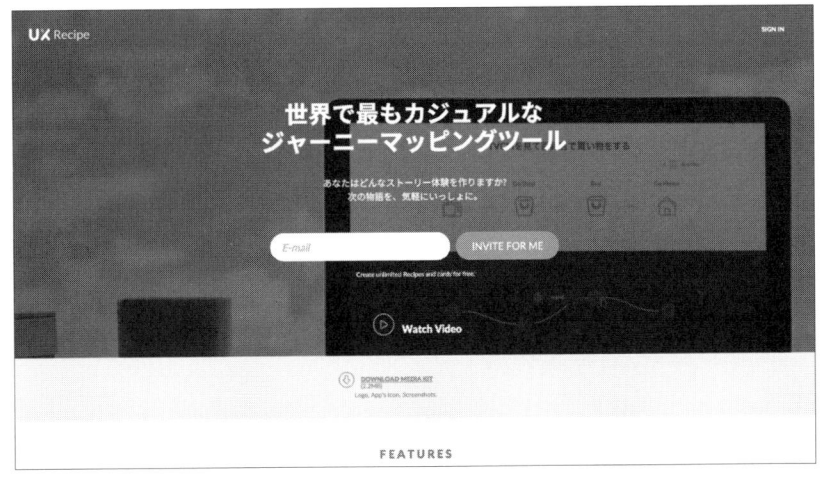

図4 UX Recipe ティザーサイト

参考2 UX Recipeティザーサイト　https://uxrecipeapp.com/

> Appendix

5 UXデザインに関する書籍紹介

インターネットで見られるキーワードと同様に、発売されている書籍にも「UX」や「モバイルデザイン」に関する書籍は増えてきました。この書籍の中でもご紹介しているものを含め、さまざまな角度から知識として取り入れていくことが大切です。

人間中心設計の基礎（HCDライブラリー 第1巻）
黒須 正明, 2013: 近代科学社, pp.296.

HCD-netの理事長でもある黒須氏が著者でもあるこの書籍は、国内におけるHCD（ヒューマン・センタード・デザイン）における集大成と呼べる書籍です。ユーザビリティからエクスペリエンスにわたる学術的な概念から規格、プロセスや評価などに関することまで解説しているため、辞書として持っておくには良書です。

Lean UX - リーン思考によるユーザエクスペリエンス・デザイン
Jeff Gothelf, 2014: オライリージャパン, pp.192.

リーンスタートアップの手法をUX（ユーザーエクスペリエンス）に応用した概念がまとめられた書籍です。デザイナーはもちろん、プロジェクトマネジメントに関わる方や経営に関わる方にとっては必読書と言えます。とくに組織の問題に根ざしたものづくりへの葛藤は、中間成果物をなくすという視点からも垣間見れるように日々進化しています。

モバイルフロンティア よりよいモバイルUXを生み出すためのデザインガイド
Rachel Hinman, 2013: 丸善出版, pp.285.

これからのモバイルデザインに求められる知識から、モバイルファーストの概念やその背景まで幅広く紹介されており、はじめてモバイルに関わる方にとっても理解しやすい内容です。また本書でも取り上げているモバイルデザインパターンなど、具体的な事例も数多く掲載されているため、経験者であっても十分に役に立つ書籍です。

モバイル・ユーザビリティ 使いやすいUIデザインの秘訣
Jakob Nielsen, Raluca Budiu, 2013: 翔泳社, pp.248.

ユーザビリティの第一人者ニールセン博士とラルーカ・ブディウが著した書籍です。モバイルサイトのユーザビリティが、これまでのデスクトップサイトのユーザビリティとは異なる点をわかりやすく解説しています。それの種類ごとの操作方法から、どうすればユーザビリティが向上するのかを調査結果や事例をもとに紹介されており、モバイルフロンティアと両方持っておくとたいへん役に立ちます。

モバイルデザインパターン ― ユーザーインタフェースのためのパターン集
Theresa Neil, 2009: **オライリージャパン**, pp.240.

モバイルデザインパターンについて豊富な事例とともに紹介しています。本書でも取り上げているデザインパターンは、ナビゲーションからアンチパターンまで10章に分けて紹介されています。それぞれにどのようなUIパターンがあるのかを知るのに役立ちます。また、同書での事例はWebサイト「Mobile Design Pattern Gallery」でも見ることができます。

検索と発見のためのデザイン
Peter Morville, Jefry Callendar, 2010: **オライリージャパン**, pp.208.

デザインパターンの中でもこの検索パターンを取り扱った書籍は皆無だと思います。検索の内容を理解するための解剖学からユーザーがどのように検索し目的を達成するのかを行動パターンから解説し、段階的に絞り込むほうがいいのか、ダイレクトに結果だけを表示するほうがいいかなど、さまざまな検索行動に対するデザインパターン（機能）を幅広く紹介しています。

メンタルモデル ユーザーへの共感から生まれるUXデザイン戦略
Indi Young, 2014: **丸善出版**, pp.320.

この書籍ではメンタルモデルの概念から、どのようにビジネスにおいて活用するかといったメソッドやツールが数多く紹介されています。また、ユーザー調査の方法として、タスクやスケジュールの立て方、インタビュー方法まで細かく解説されています。ユーザー調査をする際またそのプロセスを実施するためには参考になります。

インタフェースデザインの心理学 ―― ウェブやアプリに新たな視点をもたらす100の指針
Susan Weinschenk, 2010: **オライリージャパン**, pp.288.

そもそも人はどのように感じるのか、たとえばUIデザインをユーザーはどのように見るのか、などは人間の心理的側面も関係してきます。モバイルデザインに限らずエクスペリエンスデザインを考えるうえでは必要な知識としてお勧めします。「インタフェースデザインの実践教室」と合わせて持っておくと、とても役に立ちます。

ほんとに使える「ユーザビリティ」
Eric Reiss, 2013: **ビー・エヌ・エヌ新社**, pp.256.

FatDUXグループのCEOであるエリック・ライスが著したユーザビリティに関する書籍。「使いやすさ」を機能的な側面から見たうえで、製品やサービスにおけるユーザビリティの向上の手法が論理的な解説により紹介されています。公共サービスから製品の部品ひとつまで幅広く扱っておりユーザビリティの本質を理解するのに役立ちます。

THIS IS SERVICE DESIGN THINKING Basics - Tools - Cases
―― 領域横断的アプローチによるビジネスモデルの設計

Mark Stickdorn, Jakob Schneider, 2013: **ビー・エヌ・エヌ新社**, pp.392.

サービスデザインの定義にはさまざまありますが、その概念を数々のメソッドやツールで紹介しています。サービスデザインの思考ツールには、いわゆるマーケティング活動において見慣れたツールなどもあり、実践編としての導入例でそれらの活用例を見ることができます。ツールだけを活用することもできますが、サービスデザインについて理解するためにはおすすめの書籍です。

参考・引用資料一覧

ページ／ページ内表記／出版・公開年／出版社・公開者名／記事名／参照先 URL

P10／参考1／ISO9241-210／2010／国際標準化機構／http://www.iso.org/iso/catalogue_detail.htm?csnumber=52075

P11／参考2／User Experience White Paper／2013／hcdvalue／http://site.hcdvalue.org/docs

P13／本文／ウェブ戦略としてのユーザエクスペリエンス／2005／毎日コミュニケーションズ／http://www.amazon.co.jp/dp/4839914192

P14／本文／ユーザビリティエンジニアリング言論／2002／東京電機大学出版局／http://www.amazon.co.jp/dp/4501532009

P14／本文／ISO9241-11／1998／国際標準化機構／http://www.iso.org/iso/catalogue_detail.htm?csnumber=16883

P15／本文／Web情報アーキテクチャ／2003／オライリージャパン／http://www.amazon.co.jp/dp/487311134X

P15／参考2／The User Experience Honeycomb／2004／Semantic Studios／User Experience Design／http://semanticstudios.com/user_experience_design

P15／本文／スキル向上のためのHTML5テクニカルレビュー／2012／リックテレコム／http://www.amazon.co.jp/dp/4897978939

P15／本文／UXハニカムから、UXピラミッドへ／2012／IA Spectrum／http://www.bookslope.jp/blog/2012/07/evaluationuxhoneycomb.html

P16／本文／Webユーザビリティランキング スマートフォンサイト編／2012／トライベック・ブランド戦略研究所／http://brand.tribeck.jp/usability/ranking/2012sp

P16／参考3／[スマホ編]全国大学サイト・ユーザビリティ調査 2015-2016／2015／日経BPコンサルティング／https://consult.nikkeibp.co.jp/report/unisp

P17／参考4／The top usability testing myths／2013／Creative Bloq／http://www.creativebloq.com/netmag/usability-testing-myths-2135779

P18／参考1／ISO13407／1999／国際標準化機構／http://www.iso.org/iso/catalogue_detail.htm?csnumber=21197

P19／図2／使いやすさのためのデザイン／2004／丸善／http://www.amazon.co.jp/dp/4621074334

P21／参考4／人間中心設計の基礎／2013／近代科学社／http://www.amazon.co.jp/dp/4764904438

P23／本文／アントレプレナーの教科書／2009／翔泳社／http://www.amazon.co.jp/dp/4798117552

P23／参考2／リーン・スタートアップ／2012／日経BP社／http://www.amazon.co.jp/dp/4822248976

P24／参考3／メンタルモデル ユーザーへの共感から生まれるUXデザイン戦略／2014／丸善出版／http://www.amazon.co.jp/dp/4621088068

031／参考1／ユーザーセグメントとペルソナ作成／2016／ネットイヤーグループ／ユーザーセグメントとペルソナ作成 – rakumoカレンダーにおけるUXデザインの取り組み／http://www.netyear.net/idea/uxt20160126.html

037／参考2／UXのプロがアドバイス「Web担のサイトはこう変えるべし」／2014／Web担当者Forum／UXのプロがアドバイス「Web担のサイトはこう変えるべし」――やってみました「UX診断」／http://web-tan.forum.impressrd.jp/e/2014/05/28/17255

P40／本文／モバイル・ファースト（Mobile First）／2011／A Book Apart／http://www.lukew.com/resources/mobile_first.asp

P40／参考1／携帯電話・スマートフォン"個人利用"実態調査 2015／2015／日経BPコンサルティング／https://consult.nikkeibp.co.jp/report/keitai_kojin

P42／本文／モバイルフロンティア／2013／丸善出版／http://www.amazon.co.jp/dp/4621086553

P42／参考1／D2C「マルチデバイス利用動向調査」／2013／D2C／http://www.d2c.co.jp/news/2013/07/04/959

P47／参考2／IMJ「タブレット端末でのサイトユーザビリティ調査」／2013／IMJ／http://www.imjp.co.jp/report/research/20130515/000960.html

P49／本文／Tablet Usability／2013／Nielsen Norman Group／https://www.nngroup.com/articles/tablet-usability

P56／参考1／高校生価値意識調査2014（リクルート進学総研）／2014／リクルート進学総研／http://souken.shingakunet.com/research/2014_smartphonesns.pdf

P69／本文／Web情報アーキテクチャ／2003／オライリージャパン／http://www.amazon.co.jp/dp/487311134X

P79／図10／タイトル表示とリスト表示（NTTドコモ arrowsNX F02H）／2015／モバレコ／ドコモ arrows NX F-02H レビュー！ハイスペックとタフネスを両立した新生アローズの実力／https://mobareco.jp/a47699

P97／本文／モバイルデザインパターン／2012／オライリージャパン／http://www.amazon.co.jp/dp/487311568X

P97／参考1／Mobile Design Pattern Gallery - UI Patterns for iOS, Android and More／2011／Theresa Neil｜Flickr／https://www.flickr.com/photos/mobiledesignpatterngallery/collections

P99／図13／マルチトグル／2012／Brad Frost／Complex Navigation Patterns for Responsive Design／http://bradfrost.com/blog/web/complex-navigation-patterns-for-responsive-design

P99／図14／リストオーダー／2012／Brad Frost／Complex Navigation Patterns for Responsive Design／http://bradfrost.com/blog/web/complex-navigation-patterns-for-responsive-design

P99／図15／サブナビゲーションスキップ／2012／Brad Frost／Complex Navigation Patterns for Responsive Design／http://bradfrost.com/blog/web/complex-navigation-patterns-for-responsive-design

P99／図16／プライオリティ／2012／Brad Frost／Complex Navigation Patterns for Responsive Design／http://bradfrost.com/blog/web/complex-navigation-patterns-for-responsive-design

P99／図17／カルーセル＋／2012／Brad Frost／Complex Navigation Patterns for Responsive Design／http://bradfrost.com/blog/web/complex-navigation-patterns-for-responsive-design

P99／図18／オフキャンバスフライアウト／2012／Brad Frost／Complex Navigation Patterns for Responsive Design／http://bradfrost.com/blog/web/complex-navigation-patterns-for-responsive-design

P100／参考3／Smart Transitions In User Experience Design／2013／Smashing Magazine／Smart Transitions In User Experience Design／https://www.smashingmagazine.com/2013/10/smart-transitions-in-user-experience-design

P101／図20／アニメーションスクロール／2013／Smashing Magazine／Smart Transitions In User Experience Design／https://www.smashingmagazine.com/2013/10/smart-transitions-in-user-experience-design

P101／図21／ステートフルトグル／2013／Smashing Magazine／Smart Transitions In User Experience Design／https://www.smashingmagazine.com/2013/10/smart-transitions-in-user-experience-design

P101／図22／フォームやコメントの拡張／2013／Smashing Magazine／Smart Transitions In User Experience Design／https://www.smashingmagazine.com/2013/10/smart-transitions-in-user-experience-design

P101／図23／プル型リフレッシュ／2013／Smashing Magazine／Smart Transitions In User Experience Design／https://www.smashingmagazine.com/2013/10/smart-transitions-in-user-experience-design

P101／図24／アフォーダンス／2013／Smashing Magazine／Smart Transitions In User Experience Design／https://www.smashingmagazine.com/2013/10/smart-transitions-in-user-experience-design

P101／図25／粘着するラベル／2013／Smashing Magazine／Smart Transitions In User Experience Design／https://www.smashingmagazine.com/2013/10/smart-transitions-in-user-experience-design

P101／図26／コンテクストベースの非表示／2013／Smashing Magazine／Smart Transitions In User Experience Design／https://www.smashingmagazine.com/2013/10/smart-transitions-in-user-experience-design

P101／図27／フォーカスの移動／2013／Smashing Magazine／Smart Transitions In User Experience Design／https://www.smashingmagazine.com/2013/10/smart-transitions-in-user-experience-design

P114／参考1／マイクロインタラクション―UI/UXデザインの神が宿る細部／2014／オライリージャパン／http://www.amazon.co.jp/dp/4873116597』

P117／本文／Responsive Design Workflow／2013／New Riders／http://www.responsivedesignworkflow.com

P121／本文／検索と発見のためのデザイン／2010／オライリージャパン／http://www.amazon.co.jp/dp/4873114764

P146／本文／THIS IS SERVICE DESIGN THINKING／2013／ビー・エヌ・エヌ新社／http://www.amazon.co.jp/dp/4861008522

P148／参考1／Exploratorium: Mapping the Experience of Experiments／2013／Adaptive Path／Exploratorium: Mapping the Experience of Experiments／http://adaptivepath.org/ideas/exploratorium-mapping-the-experience-of-experiments

P149／参考2／カスタマージャーニーとは？／2015／Cバイブル／カスタマージャーニーとは？｜事例5選から学ぶカスタマージャーニーマップの作り方／http://ecbible.net/contents-marketing/customer-journey#2

P152／参考3／カスタマージャーニーマップのパターン／2013／コンセント／カスタマージャーニーマップのパターン／http://www.concentinc.jp/labs/2013/12/customer-journey-map-patterns

P156／参考1／iPhoneユーザーの利用時間帯／2011／Pocket Blog／Is Mobile Affecting When We Read?／https://getpocket.com/blog/2011/01/is-mobile-affecting-when-we-read

P157／参考2／DMPを使い倒すには。／2015／Intimate Merger inc.／DMPを使い倒すには。／http://www.slideshare.net/im_docs/everrise

P158／参考3／BtoB企業がWebを営業に活用するメリット8つ／2013／ガイアックスのINBOUND marketing blog／Web担当者なら知っておきたい、BtoB企業がWebを営業に活用するメリット8つ／http://www.inboundmarketing.jp/blog/2013/08/22/meri

P159／参考4／クロスチャネルなユーザーエクスペリエンス／2014／ニールセン博士のAlertbox／クロスチャネルなユーザーエクスペリエンス：継ぎ目のなさ／http://u-site.jp/alertbox/seamless-cross-channel

P161／参考1／エクスペリエンス・マッピング・ガイド／2013／坂田一倫／Adaptive Pathのエクスペリエンス・マッピング・ガイド／http://www.slideshare.net/kazumichisakata/adaptive-paths-guidetoexperiencemappingjpn

P163／参考3／ユーザーエクスペリエンスの測定／2014／東京電機大学出版局／http://www.amazon.co.jp/dp/4501552905

P165／参考1／Rapid Design & Experimentation for User-Centered Products／2015／Kate Rutter／http://www.slideshare.net/intelleto/rapid-design-experimentation-for-usercentered-products-ux-days-tokyo-april-2015

P182／参考1／「実践的」カスタマージャーニー分析のすすめ／2013／内野明彦／「実践的」カスタマージャーニー分析のすすめ／http://www.slideshare.net/Uchino/20131126-a2i-costomerjourneyslideshare

※絶版書も含まれるため、書籍の参照先URLはAmazonのものを表記しています。

引用事例一覧 ※アクセス日　2016年2月25日

ページ／ページ内表記／サイト名／記事名／参照先 URL

P19／参考2／HCD-Net／HCD-Net 人間中心設計推進機構／http://www.hcdnet.org
P43／本文／Amazon／Amazon.co.jp／http://www.amazon.co.jp
P44／図3／Food52／Food52／http://food52.com
P46／図2／iOS Human Interface Guidelines／Apple Developer／https://developer.apple.com/jp/documentation/UserExperience/Conceptual/MobileHIG/DesigningForiOS7/DesigningForiOS7.html
P46／図3／Material Design／Google Design Guidelines／https://www.google.com/design/spec/material-design/introduction.html
P47／本文／UXMatters／UXmatters／http://www.uxmatters.com/
P48／図6／Microsoft Kinect for Xbox 360／YouTube／https://www.youtube.com/watch?v=B_JyWVXVkW8
P51／参考1／PaintCode／PaintCode／The Ultimate Guide To iPhone Resolutions／http://www.paintcodeapp.com/news/ultimate-guide-to-iphone-resolutions
P52／参考2／Screen Sizes／Screen Sizes／Phone／http://screensiz.es/phone
P53／本文／Coiney／Coiney（コイニー）／https://coiney.com
P61／参考2／ランディングページはじめました。／http://lp-web.com/
P64／図12／駅探／駅探／http://mb.ekitan.com/info/iphone
P64／図12／LINE 天気／コミュニケーションアプリ LINE（ライン）／http://line.me/ja/
P64／図12／SmartNews／SmartNews／https://www.smartnews.com/ja/
P65／図13／モバイルサイト／Pinterest／https://jp.pinterest.com
P65／図13／アプリ／Pinterest／https://itunes.apple.com/jp/app/pinterest-pintaresuto/id429047995
P71／参考2／Multi-pane Layouts／Android Developers／Multi-pane Layouts／https://stuff.mit.edu/afs/sipb/project/android/docs/design/patterns/multi-pane-layouts.html
P73／図3／編集コンテンツやニュース記事／朝日新聞デジタル／http://www.asahi.com/sp/
P73／図4／FAQ やチュートリアル／Yahoo!知恵袋／http://m.chiebukuro.yahoo.co.jp/
P74／図6／Amazon.com: Digital Music／Amazon.com: Digital Music／http://www.amazon.com/MP3-Music-Download/b?ie=UTF8&node=163856011
P74／図8／サンリオ／サンリオ／http://www.sanrio.co.jp/
P75／図10／クックパッド料理教室／クックパッド料理教室／https://cookstep.cookpad.com/
P77／図4／Google+／Google+／https://plus.google.com/
P77／図4／Flipboard／Flipboard／https://flipboard.com/
P77／図4／Twitter／Twitter／https://mobile.twitter.com/
P77／図4／Facebook／Facebook／https://m.facebook.com/
P77／図4／Instagram／Instagram／https://www.instagram.com/
P77／図5／Yahoo!／Yahoo!／https://www.yahoo.com/
P78／図7／TAKAO 599 MUSEUM／TAKAO 599 MUSEUM／http://www.takao599museum.jp/
P78／図9／NSSG - Branding, Design／NSSG - Branding, Design／http://nssg.jp/
P82／図4／コンテンツの検索方法例／Good Reader／http://www.goodreader.com/
P82／図6／Evernote リストメニュー／Evernote／https://evernote.com/
P83／図8／タブレット向け Gmail アプリ／Gmail／https://mail.google.com/
P84／図2／タブビュー型の画面（左に配置された例）／定番ニュース NewsStorm／https://itunes.apple.com/jp/app/ding-fannyusu-newsstorm/id558836581
P84／図3／タブビュー型の画面（タブ位置の違いの例）モバイルサイト／Yahoo!ニュース／http://news.yahoo.co.jp/
P84／図3／タブビュー型の画面（タブ位置の違いの例）アプリ／Yahoo!ニュース／http://promo.news.yahoo.co.jp/app/yjnews/
P85／図5／ニュースサイトの例／Yahoo! JAPAN／http://m.yahoo.co.jp/
P86／図7／iOS 版 Pinterest アプリ／Pinterest／https://itunes.apple.com/jp/app/pinterest-pintaresuto/id429047995
P87／図9／Sunrise のタイトルストリップ／Sunrise Calendar／https://calendar.sunrise.am/
P88／図2／コンテンツの切り出し例／Status Board／https://panic.com/statusboard/
P88／図3／コンテンツの種類／Status Board／https://panic.com/statusboard/
P89／図4／弁当箱の例（表示画面）／Pocket／https://itunes.apple.com/jp/app/pocket/id309601447
P89／図4／弁当箱の例（編集画面）／Pocket／https://itunes.apple.com/jp/app/pocket/id309601447
P90／図6／Runkeeper／Runkeeper／http://runkeeper.com/
P91／図8／Awsome Note／Awsome Note／http://www.bridworks.com/anote/eng
P92／図2／ファセット検索の例／SUUMO（スーモ）／https://smp.suumo.jp/

P94／図4／Scene（写真アプリ）のフィルタビュー／Scene＜シーン＞／http://www.scn.jp
P94／図6／無印良品ネットストア／無印良品ネットストア／http://www.muji.net/store/
P95／図8／Yahoo! 地図／Yahoo! 地図／http://map.yahoo.co.jp/mobile/
P97／図11／VSCO／VSCO／http://vsco.co/store/app
P100／図19／メガドロップメニューとリストオーダーの関係例／Samsung.com／http://www.samsung.com/
P104／図2／家電量販店のECサイトのスタンダード（ビックカメラ）／ビックカメラ／http://www.biccamera.com/
P104／図2／家電量販店のECサイトのスタンダード（ヨドバシカメラ）／ヨドバシカメラ／http://yodobashi.com/
P105／図3／必要なナビゲーションはどれか（GDOニュース）／GDO ゴルフダイジェスト・オンライン／国内男子 JGTO JGA／http://news.golfdigest.co.jp/news/jgto/srticle/60738/1/
P105／図4／Salesforce Lightning Design System／Lightning Design System／https://www.lightningdesignsystem.com
P106／図5／ヒートマップによる可視化（User Insight）／User Insight／http://ui.userlocal.jp
P108／図7／ニュースアプリのタブ表示に見るデファクトスタンダード／Yahoo! ニュース／http://promo.news.yahoo.co.jp/app/yjnews/
P108／図7／ニュースアプリのタブ表示に見るデファクトスタンダード／SmartNews／https://www.smartnews.com/ja/
P108／図7／ニュースアプリのタブ表示に見るデファクトスタンダード／コミュニケーションアプリ LINE（ライン）／http://line.me/ja/
P108／図7／ニュースアプリのタブ表示に見るデファクトスタンダード／グノシー／https://gunosy.com
P109／図8／デザインパターンの適用例を見る（Modern Design Patterns）／Modern Design Patterns - pttrns／http://pttrns.com/patterns
P110／図9／ナビゲーションをひとつにまとめた例（Amazon）／Amazon.co.jp／http://www.amazon.co.jp
P111／図10／レスポンシブWebデザインの対応状況を見る（Responsive Web Design JP）／Responsive Web Design JP／http://responsive-jp.com
P113／図12／スタイルガイドの例（Dribbble）／Dribbble／Style Guide — Product guidelines／https://dribbble.com/shots/2162792-Style-Guide-Product-guidelines
P113／参考5／How To Create a Web Design Style Guide／Designmodo／How to Create a Web Design Style Guide／http://designmodo.com/create-style-guides/
P120／図2／音声入力による検索（Midomi SoundHound）／Midomi SoundHound／http://www.soundhound.com/soundhound
P120／図3／地図検索（Instagram）／Instagram／https://www.instagram.com/
P121／図4／ファセットナビゲーション（Samsung.com）／Samsung.com／http://www.samsung.com/
P122／図5／デスクトップサイトのファセット検索（HOME'S）／HOME'S／千葉県の賃貸 物件一覧／http://www.homes.co.jp/chintai/chiba/list/
P122／図6／モバイルサイト（左）とアプリ（右）のファセット検索（Amazon）／Amazon.co.jp／http://www.amazon.co.jp/
P122／図6／モバイルサイト（左）とアプリ（右）のファセット検索（Amazon）／Amazon.co.jp／http://www.amazon.co.jp/b?node=3211799051
P123／図7／検索例（Path）／Path／https://path.com
P127／図7／スタートアップ企業のプロモーション動画集（Startup Videos）／Startup Videos／http://startup-videos.com
P129／図9／プロトタイピングの代表的アプリ／POP／https://popapp.in/jp
P129／図9／プロトタイピングの代表的アプリ／Marvel／https://marvelapp.com/
P129／図9／プロトタイピングの代表的アプリ／Flinto／https://www.flinto.com/ja/mac
P129／図9／プロトタイピングの代表的アプリ／Prott／https://prottapp.com/ja/
P131／参考1／Googleが掲げる10の真実／Google／Googleが掲げる10の真実／http://www.google.com/about/company/philosophy/
P131／図1／Modern Design at Microsoft／Microsoft／Modern Design at Microsoft／https://www.microsoft.com/en-us/stories/design/
P132／図2／Material Design（Google）／Google／Material Design／https://www.google.com/design/spec/material-design/
P136／図2／UI Stencils／UI Stencils／http://www.uistencils.com/
P137／図3／Patterns by UXPin／Patterns by UXPin／http://studio.uxpin.com/patterns/
P137／図4／Placeit × Marvelapp／Placeit × Marvelapp／http://blog.marvelapp.com/send-marvel-prototypes-to-placeit-video-mockups/
P141／図8／画面遷移をプロトタイピングツールで検証する例（Prott）／Prott／https://prottapp.com/ja/
P144／図11／プロトタイピングにコメントを残す機能（InVision）／InVision／http://www.invisionapp.com
P156／図4／UX Archive／UX Archive／http://uxarchive.com/tasks/onboarding
P159／図10／スマートフォンのカメラで商品コードを読み取る／Amazon.co.jp／http://www.amazon.co.jp/b?node=3211799051
P162／図3／The Customer Journey to Online Purchase（Google）／think with Google／The Customer Journey to Online Purchase／https://www.thinkwithgoogle.com/tools/customer-journey-to-online-purchase.html
P166／参考2／ExperienceFellow／ExperienceFellow／http://www.experiencefellow.com
P167／参考3／Salesforce Marketing Cloud - Journey Builder／Salesforce.com／http://www.salesforce.com/jp/marketing-cloud/features/digital-marketing-optimization/
P173／図8／キュレーションサイトの例（Lidia）／Lidia（リディア）- くらしとココロに、いろどりを。／https://lidea.today
P179／参考1／Post-it Plus／Post-it Plus／https://itunes.apple.com/jp/app/post-it-plus/id920127738

※個別ページが見当たらないアプリについては、アプリの参照URLはApp Storeのものを表記しています。

Profile

著者

坂本貴史

ネットイヤーグループ株式会社 UXデザイナー。2002年より同社にて、IA/UXデザイナーとして活躍。国内外の大手企業におけるデジタルマーケティング支援として、Webサイトやアプリにおける情報アーキテクチャ設計やUXデザインを専門として従事。とくに、Web情報アーキテクチャを設計する専門職インフォメーションアーキテクト（IA）として活躍中で、自身のブログでも情報発信し、執筆・寄稿やセミナーの講演なども行っている。著書に『IAシンキング―Web制作者・担当者のためのIA思考術』がある。
http://www.bookslope.jp/blog/

寄稿者

稲本浩介

株式会社ゼネラルアサヒ 情報アーキテクト。マークアップエンジニアとしてWebの世界に入る。文書構造についての知見を深めていくにつれ、インフォメーションアーキテクチャに興味を持つ。現在では、主に企画ディレクション業務を担当し、IAのマインドセットを用いた「わかりやすさ」の提案を特に心がけている。都市部での活発なIAに関する議論を福岡に持ちこみ、地方ならではのIAを目指す。UX fukuoka、fcs48などのコミュニティにも参加。
http://sevenstyleweb.com/blog/

村越悟

1979年神奈川県生まれ。システムエンジニアとして某大手生命保険会社の契約管理システムの運用保守、生保統合案件に携わる。その後、Web業界に転じ、Webディレクター/インフォメーションアーキテクトとして、大手企業のコーポレートサイトの構築案件のコンサルティング、構築ディレクションを手がける。2013年グリー株式会社 社長室にてコーポレートブランディング業務に従事した後、モバイルゲーム開発部門に異動、UXデザイン専門チームの立ち上げ、同チーム マネージャーを経て、2015年5月よりグッドパッチにジョイン。受託チームゼネラルマネージャー経て、2015年12月より取締役に就任。現職。HCD-net 認定人間中心設計専門家、特定非営利活動法人 人間中心設計推進機構 評議委員。
http://www.future-proof.jp/

IA/UXプラクティス
モバイル情報アーキテクチャとUXデザイン

2016年3月18日発売　初版第1刷発行
2016年7月15日　　　第2刷発行

著者	坂本 貴史
発行人	村上 徹
編集	岡本 淳
装丁・本文デザイン	武田 厚志（SOUVENIR DESIGN INC.）
デザイン・DTP	田子 理恵・石戸 成明（SOUVENIR DESIGN INC.）
印刷・製本	シナノ書籍印刷株式会社
発行・発売	株式会社ボーンデジタル
	〒102-0074
	東京都千代田区九段南1-5-5 Daiwa九段ビル
	編集部：03-5215-8661
	販売部：03-5215-8664
	URL：http://www.borndigital.co.jp/
	お問い合わせ先：info@borndigital.co.jp

・法律上の例外を除き、本書を無断で複写・複製することを禁じます。
・本書についてのお問い合わせは、電子メールにてお願いいたします。
・乱丁本・落丁本は、取り替えさせていただきます。送料弊社負担にて販売部までご送付ください。
・定価はカバーに記載されています。

ISBN978-4-86246-324-1
Printed in Japan
© 2016 Takashi Sakamoto, BornDigital, Inc. All Rights Reserved.